电能替代

典型案例集 2020

国家电网有限公司市场营销部◎编

交通运输领域

中国电力出版社
CHINA ELECTRIC POWER PRESS

图书在版编目（CIP）数据

电能替代典型案例集 2020. 3，交通运输领域/国家电网有限公司市场营销部编. —北京：中国电力出版社，2021.1

ISBN 978-7-5198-5353-2

Ⅰ. ①电… Ⅱ. ①国… Ⅲ. ①交通运输业–节能–案例–中国 Ⅳ. ①TM92

中国版本图书馆 CIP 数据核字（2021）第 025363 号

出版发行：中国电力出版社
地 址：北京市东城区北京站西街 19 号（邮政编码 100005）
网 址：http://www.cepp.sgcc.com.cn
责任编辑：杨敏群 刘红强 贾丹丹（010-63412531）
责任校对：黄 蓓 常燕昆 朱丽芳
装帧设计：张俊霞
责任印制：钱兴根

印 刷：三河市万龙印装有限公司
版 次：2021 年 1 月第一版
印 次：2021 年 1 月北京第一次印刷
开 本：787 毫米×1092 毫米 16 开本
印 张：31.5
字 数：670 千字
定 价：110.00 元（全 5 册）

本书编委会

主　　编　李　明

副 主 编　刘继东

委　　员　王　昊　张兴华　覃　剑

编写人员（按姓氏笔画排序）

丁　胜　万　鹏　马　超　马美秀　王　莹　成　岭

华　隽　刘　冲　刘　畅　刘　政　刘　博　刘　蕾

江　城　阮文骏　孙贝贝　李　斌　李树谦　李索宇

李海周　杨岑玉　吴　怡　何　为　张　凯　张　然

张　薇　苗　博　周博滔　郑元杰　赵　骞　饶　尧

桂俊平　钱宇轩　倪　杰　徐丁吉　徐桂芝　高照远

唐　亮　葛安同　程　元　雷明明　薛一鸣

前言

习近平总书记提出中国二氧化碳排放力争于 2030 年前达到峰值，努力争取 2060 年前实现碳中和，标志着中国能源转型进入新的发展阶段。面对"碳达峰、碳中和"新目标，进一步深入实施电能替代，提高能源消费端电气化水平，对于推动能源消费革命、落实国家能源战略、促进能源清洁化发展和节能减排意义重大。国家电网有限公司近年来大力实施电能替代，在供给侧推行清洁替代、在消费侧实施以电代煤（油），累计实施电能替代项目 31 万个，完成替代电量 8678 亿千瓦时，推动电能占终端能源消费比重提高了 2.8 个百分点，减少碳排放 2.5 亿吨以上，为促进社会节能减排、改善大气环境做出积极贡献。

为进一步加强电能替代技术交流与经验分享，指导帮助基层一线人员拓展电能替代广度深度，国家电网有限公司营销部组织各省公司认真总结电能替代实践经验，编写了《电能替代典型案例集 2020》系列丛书。本丛书共分 5 册，分别为《电能替代典型案例集 2020　工业领域》《电能替代典型案例集 2020　建筑供冷供暖领域》《电能替代典型案例集 2020　交通运输领域》《电能替代典型案例集 2020　农业领域》《电能替代典型案例集 2020　电力供应与消费领域》。丛书编写得到了国网河北、冀北、江苏、安徽、河南、四川等省电力公司，南瑞集团、国网综能服务集团，中国电科院、联研院等单位的大力支持。

本丛书案例来源于近两年各省电力公司推动实施的典型优秀项目，经过专家层层筛选，最终收录到丛书中，力求为电能替代工作人员提供借鉴、参考。

限于编者水平，书中难免存在不妥或疏漏之处，恳请广大读者批评指正。

编　者

2020 年 12 月

目录

案例 1
湖北省宜昌市三峡坝区岸电实验区项目

一、项目基本情况

国网宜昌供电公司通过在三峡坝区岸电实验区建设秭归茅坪港、沙湾锚地、仙人桥锚地、长江三峡通航综合服务区 4 个岸电示范项目，带动长江流域宜昌段其他码头锚地建设岸电设施，实现岸电全覆盖。

二、技术方案

针对三峡坝区特殊的地形和水情特点，创新探索出靠岸固定式（浮动式）供电系统、离岸固定式（浮动式）供电系统、水上服务区综合能源保障系统、船电宝充换电服务系统等 6 种典型岸电供电系统，以应对各类码头锚地的建设需求。

1. 方案比较

（1）方案一：靠岸浮动式供电系统，如图 1 所示。

图 1　靠岸浮动式供电系统

该方案为供电设备放于岸边，但一部分电气设备安装于靠近岸边的趸船上，通过趸船上的岸电接口箱对船舶进行供电。近岸、浮动为其主要特征。电源由岸上 10 千伏或 400 伏接入，经箱式变压器或隔离变压器、电缆收放系统等送至供电浮趸上的岸电接口箱。主要适用于游轮码头以及浮式干散货码头。

（2）方案二：靠岸固定式供电系统，如图 2 所示。

图 2　靠岸固定式供电系统

该方案为供电设备放于岸边，所有设备均在岸上固定安装，近岸、基础固定为靠岸固定方式主要特征。电源由岸上 10 千伏或 400 伏接入，经箱式变压器或隔离变压器、电缆收放系统等送至岸电接口箱。主要适用于集装箱码头、丁靠系泊锚地、直立式干散货码头以及滚装船码头。

（3）方案三：离岸浮动式供电系统，如图 3 所示。

图 3　离岸浮动式供电系统

该方案为供电设备与岸边隔离，设备在江心浮动地点安装，与岸隔离、基础浮动为离岸固定方式主要特征。电源由 10 千伏或 400 伏接入，经由箱式变压器或隔离变压器、经江底电缆至固定点顶端的电缆收放系统及岸电接口箱。主要适用于靠船墩锚地（浮趸式岸电供电）以及趸船系泊锚地（江心抛锚自泊）。

（4）方案四：离岸固定式供电系统，如图 4 所示。

该方案为供电设备与岸边隔离，设备在江心固定地点安装，与岸隔离、基础固定，为离岸固定方式主要特征。电源由岸上 10 千伏或 400 伏接入，经由岸边箱式变压器或隔离变压器、经江底电缆至固定点顶端的电缆收放系统及岸电接口箱。主要适用于靠船墩锚地（升降式岸电系统）。

（5）方案五：水上服务区综合能源保障系统。

该方案为水上综合生态服务中心配备的岸电系统，为待闸船舶停靠期间提供电能供应，节约船公司运行成本，实现污染物零排放，改善库区环境。水上综合生态服务中心将提供现代化的生活设施、提高船员的生活条件和质量，满足船员的美好生活需求。主要适用于水上综合生态服务中心。

（6）方案六：船电宝充换电服务系统。

船电宝采用一体化设计，能实现电源即插即充、负载即插即用，如图 5 所示。系统应具有足够的备用容量，保证满足船舶用电需求，保证安全优质供电。船电宝集中配置在充电站（码头或供电趸船上），充电站设置专用充电装置，并配置一艘具有小型吊车的电动服务船。使用前在充电站充满电后集中放置，由电动服务船运送船电宝，为待闸船舶提供或更换船电宝。主要适用于水上综合生态服务中心和抛锚自泊锚地。

图 4 离岸固定式供电系统   图 5 船电宝

三峡坝区岸电实验区 4 个典型示范项目中，秭归茅坪港为游轮码头，适用方案一；沙湾丁靠锚地适用方案二，水上服务区适用方案五和方案六；仙人桥锚地为靠船墩锚地，适用方案四。

2. 方案简述

在三峡坝区岸电实验区建设秭归茅坪港、沙湾锚地、仙人桥锚地、长江三峡通航综合服务区等 4 个岸电示范项目。在秭归茅坪港游轮码头采用靠岸浮动式供电系统，建设 12 套大容量低压岸电系统，可满足 12 艘大型游轮使用岸电；在沙湾锚地丁靠泊位采用靠岸固定式供电系统，建设 3 套小容量低压岸电设施，可满足 9 艘 5000 吨级干散货船舶使用岸电；在仙人桥锚地采用离岸固定式供电系统，建设 2 套大容量低压岸电系统，可满足 12 艘集装箱船或滚装船使用岸电；在沙湾锚地江心采用水上服务区综合能源保障系统和船电宝充换电服务系统，联合三峡通航局共同打造了国内首个水上岸电综合服务区示范项目，建设 8 套小容量岸电设施，配备了 16 套移动式船电宝，可满足水上服务区所有待闸船舶的岸电使用。

三、项目实施及运营

1. 投资模式及项目建设

该项目本体部分及配套电网部分均为国网出资建设。通过组建宜昌长江三峡岸电运营服务有限公司，开展专业化岸电运营、运维工作。

2. 项目实施流程

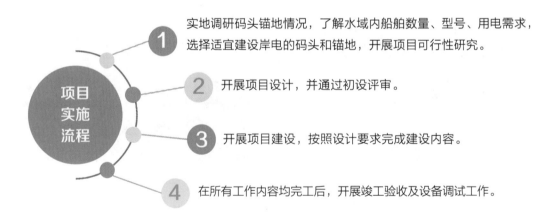

项目实施流程

1. 实地调研码头锚地情况，了解水域内船舶数量、型号、用电需求，选择适宜建设岸电的码头和锚地，开展项目可行性研究。

2. 开展项目设计，并通过初设评审。

3. 开展项目建设，按照设计要求完成建设内容。

4. 在所有工作内容均完工后，开展竣工验收及设备调试工作。

四、项目效益分析

国网宜昌供电公司联合岸电建设各相关方，系统谋划，积极推进长江流域宜昌段港口岸电建设和推广应用，并取得显著成效。

1 经济效益明显

结合示范项目运行测算，长江流域宜昌段岸电全覆盖后，每年可实现电能替代约 2500 万千瓦时，为待闸船舶节约用能成本约 1500 万元，推动绿色航运产业长效发展。

2 环境效益显著

长江流域（宜昌段）岸电全覆盖后，预计每年可减少燃油消耗 5875 吨，减少各类气体排放物 1.8 万吨，实现了船舶停靠期间的"零排放、零油耗、零噪声"，改善港口城市生态环境，保护长江珍稀鱼类繁殖生息。

3 示范效应突出

通过政企联动和机制创新，推广 6 种典型岸电系统，研发关键设备 15 类，提炼了 19 项岸电技术标准，编制了 8 项岸电运营服务规范，破解内河沿江岸电接入难题，形成可复制、易推广的岸电建设模式。

4 综合效益凸显

港口岸电提高游客乘船体验及船员生活质量，提升长江经济带独一无二的"游轮经济"，促进长江沿线旅游相关产业发展，助力沿线贫困地区就业脱贫。

五、推广建议

1. 经验总结

项目主要亮点

在国家电网有限公司的坚强领导下，国网宜昌供电公司紧抓契机，准确把握新的历史使命和任务，将建设港口岸电作为减少船舶污染、打造绿色交通、改善长江生态的重要举措，以三峡坝区岸电实验区先行探路，从争取政策支持、强化科研攻关、打造示范工程、构建专业服务等方面着手，全面加快岸电建设推广步伐，加快推进长江流域湖北段港口岸电全覆盖建设，为长江生态环境大保护作出积极贡献。

注意事项及完善建议

一是继续加大岸电建设力度。以三峡坝区岸电实验区为样板，紧密配合大气污染防治攻坚战任务部署，统一建设标准，分步骤、分批次推进长江流域宜昌段内岸电建设工作，力争在 2020 年年底实现长江沿线宜昌段岸电设施全覆盖。

二是持续提升运营服务质量。打造互联互通、国内一流的岸电服务商，不断创新岸电推广模式和运营服务方式。依托"岸电云网"，深化"互联网+"服务，拓展大数据、金融服务等增值业务，打造泛在电力物联网建设的特色亮点。力争成为五大发展理念的践行者、长江生态环境的守护者、岸电运营服务的领军者。

三是切实增强产业带动力和影响力。推进"互联网+岸电"商业模式与服务创新，积极拓展业务领域，提高岸电的可持续发展能力。加大宣传推广力度，面向社会公众普及岸电知识，大力宣传岸电对长江生态保护的积极促进作用，凝聚社会各界共同关注岸电、支持岸电的良好氛围。

2. 推广策略建议

（1）明确岸电建设推广牵头部门。建议加强岸电建设推广的统筹管理工作，岸电建设涵盖码头规划，船舶建造标准、船岸配电系统标准、船舶改造、船舶调度运行等各个领域。由牵头政府部门统筹安排各项工作可促使建设推广和使用等工作可量化、可评估、可考核，协同高效。

（2）出台岸电建设支持政策。建议加强港口、码头统一规划和综合治理，将岸电系统建设纳入新（扩）建港口的整体规划及验收条件；建立岸电项目可行性研究审批"绿色通道"，出台岸电涉河、涉绿地设计方案的评审标准，简化流程集中审批；要求港口码头为岸电设施建设提供通道。

（3）推动出台船（货）岸连接执行标准。结合三峡坝区岸电试验区水上服务区运营经验，在考虑安全性与便捷性基础上，推动货船接电标准出台。以便长江流域2.1万艘货船尽快配备标准接电插头，实现货船自助接电。

（4）出台岸电服务价格补偿机制。建议出台分类的岸电服务价格补偿机制，建议考虑长江宜昌段岸电设施建设难度大，投资高，干散货船、江心锚地岸电项目运营效益差等因素，并考虑疫情对岸电运营企业的影响，制订差异化的服务费价格补偿标准。

案例 2
重庆市渝中区码头港口岸电项目

一、项目基本情况

国家发展改革委、生态环境部、交通运输部、水利部（三峡办）、农业农村部、国家能源局等有关部委，以及国家电网有限公司相继召开专题会议，研究部署长江流域岸电建设工作，落实习近平总书记关于推动长江经济带发展的重要战略思想，以"共抓大保护、不搞大开发"为导向，大力发展港口岸电，加快燃油替代，全力保护长江流域生态环境，减少长江流域临时停靠船舶的污染排放，推动长江流域绿色可持续发展，促进生态文明建设。

朝天门港位于重庆市渝中区渝中半岛的嘉陵江与长江交汇处，朝天门港是两江枢纽，是长江三峡游的起始港，也是重庆最大的水路客运码头。朝天门11码头位于重庆市朝天门长江侧，由重庆渝鸿船务有限公司经营，有2个泊位，但实际条件只允许停靠1艘或并靠2艘长江三峡游轮，岸电负荷需求为2×500千瓦，年均停靠364艘次游轮，最大停靠430艘次，平均停泊时长8小时，最大时长15小时。船舶靠港期间依靠船舶燃油辅机发电满足船舶机动和通信照明等用电需求，排放大量硫氧化物等废气，对港口周边环境、水下生物造成严重影响。

首创"双供电浮趸"岸电方案如图1所示，岸电设施安全可靠运行如图2所示。

图1　首创"双供电浮趸"岸电方案　　　　图2　岸电设施安全可靠运行

二、技术方案

1. 方案比较

方案一：朝天门十一码头低压大容量岸电系统由电缆管理系统、供电浮趸、岸电电源预制舱、标准化岸电接口箱及岸电综合管理系统组成，系统总容量为 1250 千伏安，供电制式 0.4 千伏/50 赫兹，接地系统为 IT 系统三相三线制，高低压母线均采用单母线接线方式，低压供电方式采用放射式，各泊位均设岸电接电箱。

系统设计新增 2 艘浮趸，1 号浮趸设置于靠近岸边一侧，用于承载 10 千伏高压电缆卷筒、高压开关设备及高压接电箱；2 号浮趸设置于靠近码头趸船一侧，用于承载一体化岸电电源预制舱。10 千伏供电电缆经 1 号浮趸后通过连桥浮趸电缆通道连接至 2 号浮趸上一体化岸电集装箱内，通过变压器将 10 千伏电压变换为 0.4 千伏电压，输出至趸船上标准化岸电接口箱，从而实现对船舶进行供电。岸电电源系统布局如图 3 所示。

方案二：

（1）电源。供电电源取自岸边趸船低压岸电接口箱。

（2）供电浮趸位置，与方案一相同。

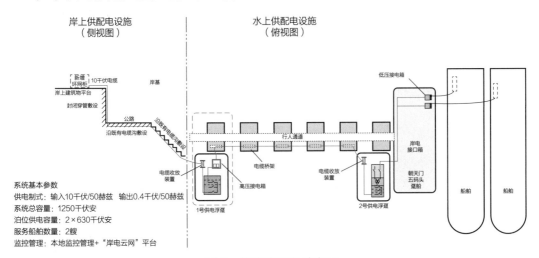

图 3　岸电电源系统布局

（3）低压电缆路径。岸电电源预制舱低压侧电缆沿跳趸新设的电缆滚轴桥架，至供电浮趸上的低压电缆卷盘。

低压电缆卷盘输出侧低压电缆通过在甲板上开孔，沿开孔处仓体在甲板下敷设至靠近停泊船只侧，连接至在现趸船杂物间内新设的岸电接口箱。

（4）岸电接口箱位置，与方案一相同。

与方案一的区别：岸电电源预制舱放置于码头岸边趸船上，岸电电源预制舱低压侧低压电缆敷设至供电浮趸，供电浮趸上放置低压电缆卷盘；之后的敷设、接线与方案一相同。方案二布置如图4所示。

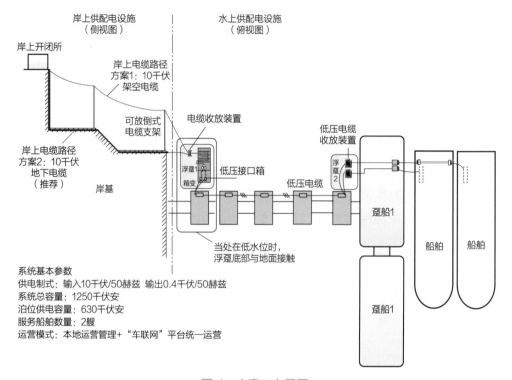

图 4 方案二布置图

方案一与方案二优缺点对比见表1。

表 1　　　　　　　　　　　　　方案一与方案二优缺点对比

编号	供电形式	优　点	缺　点
方案一	10 千伏高压浮趸供电	（1）岸基至水面供电浮趸电缆线径较小，电缆收放系统体积较小、质量较轻； （2）高压电缆上供电浮趸，电缆数量少，增减连桥走廊时操作难度小	（1）趸船上高压设备数量较多，电气闭锁回路相对复杂； （2）高压电缆管理系统对供电安全保障要求高
方案二	0.4 千伏低压浮趸供电	0.4 千伏低电压等级供电安全性高	（1）0.4 千伏供电电缆采用 4 根 3×185+1×95 船用电缆，数量多，质量大，可操作差，运维难度大； （2）低压电缆收放系统体积、质量较大，占用空间大，对新增供电浮趸要求高； （3）低压供电距离长，供电电能质量下降

结论：推荐采用方案一，即 10 千伏高压浮趸供电。

2. 方案简述

本岸电系统设置完全独立的供电系统，系统主要包含岸电电源预制舱、电缆收放系统、船岸连接设备及岸电运营管理平台，岸电系统进线电源引自码头配电浮趸高压岸电接口箱，通过电缆管理系统、变配电设备、船岸连接设备向停靠泊位的船舶提供交流 400 伏/50 赫兹电源。

根据船舶供电容量及泊位数量需求，本岸电系统针对单船供电容量 630 千伏安，共设置 2 路岸电供电支路，系统供电总容量 1250 千伏安。输出电制为 0.4 千伏三相三线制，加 PE 等电位连接。船舶岸电接入方式采用短时断电接入。

三、项目实施及运营

（一）投资模式及项目建设

该项目配电部分由国网重庆供电公司进行投资；通过服务外包方式由社会专业运维企业开展运维及运营。

（二）项目实施流程

1. 项目准备

（1）项目前期准备，确定项目参与人员，细化项目研究内容，明确项目研究分工，对示范区域进行深入调研，收集掌握码头船舶负载情况、负荷特性、用电方式等具体资料。

（2）对相关资料进行汇总整理，对不同方式的岸电接入模式进行经济性和可操作性论证，确定船舶岸电接入模式。

2. 设备研制及安装调试

（1）研制岸电系统。
（2）进入码头，对配电系统改造。
（3）设备入港，安装调试。

3. 设备试运营

（1）设备试运行，观察设备运行状态，处理突发的问题并进行完善。

（2）后期数据监测，运行效益计算。

四、项目效益分析

1. 经济效益分析

替代电量估算：

项目建成后，每年可替代电量约为 500×364×8=145.6（万千瓦时）。

效益测算：

朝天门十一码头岸电项目运营后，每年可增加电费收入 0.657 8×145.6=95.78（万元），增加总收入 1.4（含服务费）×145.6=203.84（万元）。

2. 社会效益分析

每年替代船用柴油使用量 4690 吨，减少各类污染气体排放 1594.6 吨。

五、推广建议

1. 经验总结

项目主要亮点

一是创新技术引领。在重庆地区首创双浮趸供电方案，利用人行浮桥安装、拆卸方便的"连桥快拆式滚轴桥架"和"导轮式桥架"等高压电缆上船方式，解决朝天门港洪水暴涨快落时电缆收放的安全性和便捷性问题，形成"一码头一方案"；通过 10 千伏中压入江提升供电能力和质量，满足船舶用电需求；创新使用人机协同电控插拔装置，实现低压连船电缆自动插拔。

二是加强合作共赢。与港口企业构建"合作共赢、互利共享"的服务模式，通过电动汽车公司与港口企业签订运营协议，组建专业运营队伍，按照市公司下发的运维规程和运营规程，为船舶使用岸电提供规范统一、安全便捷、经济实惠的服务，切实提高岸电设施利用率。投运以来，岸电累计用电量 63.32 万千瓦时。

　　三是强化安全管理。建立"两联一纵"工作机制,开展朝天门港口岸电防汛应急工作。通过政企联合,编制防汛应急预案;通过"水""电"联动,开展水情预警、浮趸排迭、电缆收放等工作。通过纵向贯通,加入区港航所建立的"安全工作群";与港口企业、游轮公司建立"运维运营工作群";形成与政府部门、港口企业、游轮公司、运维单位之间畅通、高效的信息联络渠道。截至目前,累计启动 9 次防汛应急响应,顺利渡过长江 2、3、4、5 号洪峰。

注意事项及完善建议

　　(1)不同码头的地理条件对岸电建设方案的具体要求不同,一定要因地制宜进行设计与实施。

　　(2)条件成熟的情况下,可考虑成立岸电服务公司,将岸电项目从建设到运维到运营一条龙管理,更有利于对项目的建设监控与运维运营管控。

2. 推广策略建议

　　一是不同码头的地理条件对岸电建设方案的具体要求不同,因地制宜进行设计与实施。条件成熟的情况下,可考虑成立岸电服务公司,将岸电项目从建设到运维到运营一条龙管理,更有利于对项目的建设监控与运维运营管控。

　　二是促请政府出台岸电接口建设标准相关政策,便于统一长江沿线各码头、各游轮公司低压接口建设和改造,提高船舶靠岸后接电使用率。

　　三是促请属地政府出台岸电全面推广建设相关政策,如投资主体岸电建设补贴、运营服务费标准,为长江沿线三峡游主要码头建设好和运营好港口岸电提供政策支撑。

案例 3
河北省黄骅市港口岸电技术应用项目

一、项目基本情况

黄骅港作为河北省沿海的地区性重要港口，由散货港区、煤炭港区、综合港区和河口港区 4 个港区组成。截至 2019 年年底，黄骅港共有生产性泊位 36 个，年设计通过能力 2.41 亿吨，其中万吨级以上泊位 30 个。煤炭港区实景图如图 1 所示。

参照黄骅港实际调研情况，4 个港区 36 个泊位中，2020 年，黄骅港需建成高压岸电 10 套、低压小容量岸电 20 套，投资规模 3.31 亿元。

图 1 煤炭港区实景图

二、技术方案

1. 方案比较

方案一：柴油机供能。优点：设备结构简单，能源获取便捷，可自行携带。缺点：空气污染严重，用能成本较高，保养维修困难。

方案二：岸电设施供能。优点：成本低、能源获取便捷、供电可靠性高、保养维护简单。缺点：占地面积较大且难以移动。

以某港口岸电改造情况为例，该港口共有船舶 33 艘，其中 4250 吨船舶 21 艘、5688 吨船舶 7 艘、8530 吨船舶 5 艘。在改造前，以上船舶都使用瓦锡兰四冲程柴油机，单台发电机额定功率 1972~2780 千瓦，靠泊期间实际负载为 1000~1490 千瓦。船舶情况见表 1。

表1　　　　　　　　　　　　　船 舶 情 况

船型	数量（艘）	岸电系统改造数量（艘）	单台发电机功率（千瓦）	靠港期间实际负载（千瓦）	配电电压（伏）	频率（赫兹）
8530 吨	5	5	2780	1490	440	60
5688 吨	7	7	2300	1200	440	60
4250 吨	21	21	1972	1000	440	60

以 4250 吨船舶，靠泊负载 1000 千瓦计算，港口岸电用电价格 0.7 元/千瓦时，服务费 0.5 元/千瓦时。瓦锡兰四冲程柴油机的燃油耗率为 0.216 千克/千瓦时。重油油价为 1822 元/吨，折合 1.82 元/千克；船用轻质柴油油价为 7194 元/吨，折合 7.19 元/千克。在相同情况下，船用发电机如用重油发电 1 千瓦时需花费 0.39 元，用轻质柴油发电 1 千瓦时需花费 1.55 元，直接使用岸电 1 千瓦时花费 0.7 元。船舶柴油发电与岸电成本比较见表 2。

表2　　　　　　　　　　船舶柴油发电与岸电成本比较

类型	船舶柴油发电机组				岸电
	重油油耗	单价	船用轻质柴油油耗	单价	单价
	0.216 千克/千瓦时	1.82 元/千克	0.216 千克/千瓦时	7.19 元/千克	1.2 元/千瓦时
费用	0.39 元/千瓦时		1.55 元/千瓦时		1.2 元/千瓦时
与岸电价格比较	便宜 0.81 元		贵 0.35 元		—

2. 方案简述

船舶岸电是指船舶靠港期间，停止使用船舶上的发电机，而改用陆上电源供电。具体技术方案包括小容量低压岸电技术、大容量低压岸电技术和大容量高压岸电技术三种，这三种技术方案都已在我国不同的港口码头示范工程中采用。小容量低压岸电技术由于进行岸电改造涉及设备少、改造费用低，经济效益良好，在我国的内河港口码头应用较多，但由于缺乏统一标准，岸电电源不通用，限制了其发展。大容量低压岸电技术和大容量高压岸电技术由于建设成本较高，岸电改造涉及范围广、设备多，目前推广力度有限。不同岸电技术比较见表3。

表3　　　　　　　　　　　　不 同 岸 电 技 术 比 较

项目	小容量低压岸电	大容量低压岸电	大容量高压岸电
供电电压	380~440 伏，50 赫兹	1 千伏以下，50 赫兹/60 赫兹	1~15 千伏，50 赫兹/60 赫兹
供电容量	0.4 兆瓦以下	兆瓦级	兆瓦级
连接电缆数量	1 根电缆	多根电缆，如 9 根	1~3 根电缆
连接方式	接线箱、铜排	快速连接插头	快速连接插头
典型应用船型	小型的散货船舶、港用拖轮、清淤船	5000 吨 EU 以下的集装箱船舶，5 万吨及以下的散货船舶和部分港作船舶	8500 吨 EU 及以上的远洋集装箱船舶，8 万吨及以上的散货船舶和大型远洋邮轮船舶

　　岸电技术的发展路线和推广方案应考虑散货港区、煤炭港区、综合港区和河口港区的差别，不同货类码头差别，不同港口区域差别等因素。河口港区靠港船舶一般载重量小、用电容量低，建议以小容量低压岸电为主；煤炭港区和综合港区靠港船舶一般载重量大、用电容量高，建议以大容量高压岸电为主，辅以小容量低压岸电。煤炭港区、钢铁码头和粮油码头的船期安排规律、船舶靠离港时间较为固定，在该港区发展岸电，可保证较高的岸电电源利用率；其他港区由于船期不规律、靠离港时间不固定，可逐步推广发展。船舶岸电系统构成如图 2 所示。

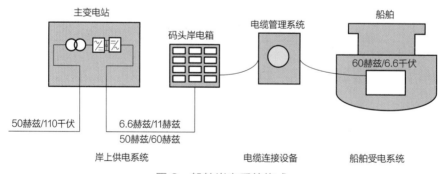

图 2　船舶岸电系统构成

三、项目实施及运营

1. 项目投资模式及项目建设

　　项目采用公司自建、业主自建两种投资模式，主要以公司自建模式为主。

公司自建模式

　　设施由电力公司出资建设，并安排专人负责设备的运维、检修、抢修等工作。岸电设施产权归属电力公司，交由业主有偿使用。对于工程的设计施工，按管辖范围由供电公司与设计和施工单位办理委托手续，发放施工认可证。用电工程设计审查结果以书面形式告知客户。

业主自建模式

　　设施由业主出资建设，并安排专人负责设备的运维、检修、抢修等工作。岸电设施产权归属用户。

2. 项目实施流程

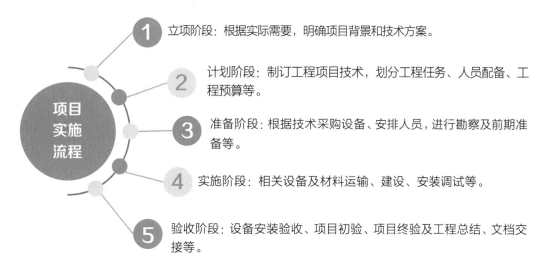

项目实施流程

1　立项阶段：根据实际需要，明确项目背景和技术方案。

2　计划阶段：制订工程项目技术，划分工程任务、人员配备、工程预算等。

3　准备阶段：根据技术采购设备、安排人员，进行勘察及前期准备等。

4　实施阶段：相关设备及材料运输、建设、安装调试等。

5　验收阶段：设备安装验收、项目初验、项目终验及工程总结、文档交接等。

四、项目效益分析

1. 经济效益分析

① 用能成本大幅下降

　　以 260 千瓦中型浮吊船为例测算，使用船用发电机每发 1 千瓦时电需 0.2 升燃油，按 7 元/升计算，发电成本为 1.4 元/千瓦时。使用市电，成本为 0.7 元/千瓦时，节约成本约 50%。

替代电量显著提升

目前某电力企业已通过公司自建、业主自建两种方式在黄骅港推广岸电设施 23 套，年替代电量近 2000 万千瓦时。

2. 社会效益分析

根据有关数据显示，与正常的船用燃油比较，使用岸电可减少氮氧化物排放量 97%、硫氧化物 96%、颗粒物（PM）排放量 96%、碳氧化物排放量 94%。一艘 4250 吨集装箱停港期间污染物排放情况为：PM10 221 千克/年、PM2.5 177 千克/年、氮氧化物 2340 千克/年、硫氧化物 1240 千克/年、一氧化碳 198 千克/年、二氧化碳 123 吨/年，而应用船舶岸电供电几乎无污染物排放。因此，船舶岸电的环保效益显著。

五、推广建议

1. 经验总结

项目主要亮点

（1）采用岸电电源（市电）为靠港船舶用电设备供电，可以大大降低由于船舶辅机发电对码头及港口城市造成的污染，提高供电效率，改善船员生活环境，是未来靠港船舶供电的发展趋势。

（2）需要向政府申请加快出台相关技术标准，尽快完善船用岸电相关技术的规范，建立全国统一的标准。

2. 推广策略建议

推广船用岸电是保护环境建设绿色港口的需要，建议政府出台、完善相关政策，以便加快项目推广工作。相信在不久的将来，船用岸电技术将在各港口全面推广，并取得良好的经济效益和社会效益。

案例 4
上海市浦东区绿色港口岸电示范区
能源互联网建设项目

一、项目基本情况

上海浦东内河航道里程 386 千米，其中列入"一环十射"规划的高等级航道里程 127 千米，占全市"一环十射"航道总里程 31%，成规模的服务区（停泊区）8 个，作业码头 55 座，年船舶到港量超过 6 万艘次。但当前公共区域岸电服务设施为零，现有码头岸电设施不规范，缺乏统一标准的岸电设施。

本项目建设地点为上海浦东地方海事处航头海事所，主要建设光伏+储能+电动汽车充电桩+岸电系统，其中光伏+储能+电动汽车充电桩配置能量管理系统，构建微网系统，以保证重要负荷的供电可靠性；岸电设备接入国网岸电云网运营服务平台，建立统一标准岸电设施，实现岸电系统互联互通，逐渐实现上海市港口岸电联网运营，对所有联网运营港口提供集成化服务。沿岸布点近景图如图 1 所示。

图 1　沿岸布点近景图

二、技术方案

1. 方案比较

方案一：光伏+储能+电动汽车充电桩+岸电。优点：利用港区仓库屋顶建设分布式光伏发电，可以大幅度降低港口企业碳排放，还可以降低企业用电成本；该港口用电性质为峰平谷电价，通过储能装置的削峰填谷特性降低用电成本；以储能、光伏发电系统、用电负荷构建微网系统，为港口提供第二电源，保证重要负荷的供电可靠性。

缺点：较方案二投资多。

　　方案二：电动汽车充电桩+岸电桩。优点：较方案一投资少。缺点：节能减排效果较方案一差。

图 2　设备近景图

　　方案一较方案二增加了光伏及储能元素，虽然投资增加，但光伏系统的建设可大幅度降低港口企业碳排放及用电成本、储能系统的建设可降低港口企业的用电成本，二者与港区负荷结合并配置能量管理系统，可构建微网系统，为港区负荷提供第二电源，提高供电可靠性。综合以上需求分析，本项目选择方案一。

　　设备近景图如图 2 所示。

2. 方案简述

　　通过建设光伏、储能、电动汽车充电桩及船舶岸电等系统实现船舶、电动汽车及办公用电等负荷绿色用电。屋顶建设多晶硅光伏系统组件 132 块、36 千瓦组串式逆变器构成发电系统，即发即用或给储能系统充电。原有配电室建设 500 千瓦时储能电池 1 套、电池管理系统 1 套、250 千瓦储能变流器 1 台、后台监控系统 1 套构成储能系统，实现削峰填谷。停车位建设 60 千瓦直流充电机 6 台构成电动汽车充电桩系统，实现电动汽车充电。建设智能微网能量管理系统 1 套，实现对智能微网各种类设备运行、环境状态等的统一控制。建设 2×20 千瓦低压小容量一体化岸电桩 10 套构成船舶岸电系统，实现停靠船舶电能替代。

三、项目实施及运营

1. 投资模式及项目建设

本项目投资主体为国网上海市电力公司。

船舶靠泊使用岸电设施须缴纳的费主要由两部分构成。一是使用岸电设备消耗电能而产生的电费，该费用由电力公司收取；二是岸电服务费，即岸电接驳产生的服务费用，该费用由电力公司与码头方签订合同确定分成比例。

上海综合能源公司与电力公司签订合同，负责设备的运维，运维费用由综合能源公司与电力公司双方确定。

2. 项目实施流程

① 第一阶段：2020 年 1—4 月

主要任务：项目前期准备，确定项目参与人员，细化项目研究内容，明确项目研究分工，对示范区域进行深入调研，收集掌握具体资料。

阶段性成果：项目调研分析报告，项目设计方案，出具项目图纸。

② 第二阶段：2020 年 5—8 月

主要任务：招标、签订合同、设备设施到货；安装设备设施，并进行调试。

阶段性成果：完成设备设施到货验收工作；完成设备设施安装工作；完成设备设施调试工作。

③ 第三阶段：2020 年 9—12 月

主要任务：设备试运行，观察设备运行状态，处理突发问题并进行完善；后期数据监测，运行效益计算。

阶段性成果：设备平稳运行，提供全方位技术支撑；完成示范工程项目，跟踪运行数据，完成效益估算。

四、项目效益分析

1. 经济效益分析

（1）光伏系统年收入。光伏系统 25 年发电量收益为 69.31 万元，光伏系统收益明细见表 1。

表 1 　　　　　　　　　　　　光 伏 系 统 收 益 明 细

年限	收益（万元）	年限	收益（万元）
第 1 年	3.01	第 14 年	2.75
第 2 年	2.99	第 15 年	2.73
第 3 年	2.97	第 16 年	2.71
第 4 年	2.95	第 17 年	2.69
第 5 年	2.93	第 18 年	2.67
第 6 年	2.91	第 19 年	2.65
第 7 年	2.89	第 20 年	2.64
第 8 年	2.87	第 21 年	2.62
第 9 年	2.85	第 22 年	2.60
第 10 年	2.83	第 23 年	2.58
第 11 年	2.81	第 24 年	2.56
第 12 年	2.79	第 25 年	2.54
第 13 年	2.77	—	—
合　　计			69.31

根据以上方案，年均收入为 2.77 万元。

（2）储能系统年收入。储能系统一充一放，储能系统削峰填谷收入见表 2。

表 2 　　　　　　　　　储能系统削峰填谷收入

年限	第 1 年	第 2 年	第 3 年	第 4 年	第 5 年	第 6 年	第 7 年	第 8 年	第 9 年	第 10 年
年收入（万元）	5.29	5.17	5.06	4.95	4.84	4.73	4.61	4.50	4.39	4.28

依据以上方案，年均收入为 4.78 万元。

（3）电动汽车充电桩年收入。本项目直流充电桩充电服务费均暂按 1.0 元/千瓦时测算，充电桩利用率暂按 20% 测算，即每台充电桩每天充电小时数为 4.8 小时。则充电服务费=（直流桩功率×直流桩台数）×充电小时数×充电服务费=

60×6×4.8×1.0=1728（元）。年利用天数按 360 天计，则年收益=1728×360=62.21
（万元）。

（4）岸电桩年收入。岸电服务费按 0.6 元/千瓦时计算，根据停靠船舶用电需求，
每艘船停靠用电功率平均为 5 千瓦，泊位利用率选取 30%，岸电使用率按照 60% 估
算，以后每年按 5% 增加，则每年的岸电收益为 5×2×10×365×24×30%×0.6×岸电使
用率，岸电桩收入明细见表 3。

表 3　　　　　　　　　　岸 电 桩 收 入 明 细

年限	船舶平均用电功率 （千瓦）	泊位利用率	岸电服务费 （元/千瓦时）	岸电使用率	年收益 （元）
第 1 年	5	0.3	0.6	0.6	94 608
第 2 年	5	0.3	0.6	0.7	110 376
第 3 年	5	0.3	0.6	0.8	126 144
第 4 年	5	0.3	0.6	0.9	141 912
第 5 年	5	0.3	0.6	1	157 680
5 年以后	5	0.3	0.6	1	157 680

依据以上方案，年均收入为 12.6 万元。

（5）系统年收益及回收期。本项目总投资额为 355.3 万元，回收期=总投资/（光
伏年收入+ 储能年收入+电动汽车充电桩年收入+岸电桩年收入）=355.3/
（2.77+4.78+62.21+12.6）= 4.31（年）。

2. 社会效益分析

（1）本项目为上海海事局首个绿色码头能源互联网项目，具有重要示范意义，为
后续绿色码头在上海推广起到了积极推动作用。

（2）可以提高港口环境质量，减少大气污染。实施生态工程，有利于推进生态示
范建设；建立生态补偿机制，有利于把本地区建设成为环境友好型城市，符合构建社
会节能型的发展方向。

（3）成为港口的标志性景观，提升港口品位，率先创节能环保型港口的典范。

1）成为港口一个新的节能点。

2）提高港口形象，提升港口品位。

3）符合构建和谐社会、节能型社会的发展方向，有利于整个社会的经济发展。

五、推广建议

1. 经验总结

项目主要亮点

　　本项目为首个港口集光伏、储能、电动汽车充电桩及岸电于一体的项目。通过电能替代项目的实施，巩固了公司售电市场、拓展了业务范围、提升了客户服务新能力。

注意事项及完善建议

　　国家电网有限公司发布了电动汽车充电桩及低压岸电桩相关设备标准规范，其设备需在满足国家相关标准的基础上，进一步满足国家电网有限公司标准规范要求。

2. 推广策略建议

　　（1）推广前景：低压岸电桩适用于内河流域，光伏系统适用于光照资源较丰富地区，储能系统适用于采用峰平谷电价的用户。

　　（2）推广目标：岸电系统在各港区推广应用，光储充电站可在城市公交、物流场站、环卫站、旅游景区等推广应用。

　　（3）推广建议：建设优质示范项目并在各港口推广。加强与相关政府部门沟通，加快船侧岸电接口改造；与港口客户建立良性合作关系。

案例 5
浙江省台州市船基海产品加工链港口岸电项目

一、项目基本情况

东海鱼仓"海上加工中心"位于玉环市坎门街道国有应东码头，由 1 艘 4484 吨级加工船和 6 艘辅助船组成，该船船体总长 98 米，总吨位 4484 吨，配有 4 条国内最新的全自动精加工生产线。海产品加工中心的船体动力由 4 台功率 500 千瓦、1 台 300 千瓦、1 台 90 千瓦、1 台 75 千瓦，共 7 台 2465 千瓦的柴油发电机提供。

为推动渔乡绿色可持续发展，助力打造碧水蓝天渔乡，国网玉环供电公司为全国首艘海捕虾全产业链"海上加工中心"船试点新建 2 套岸电系统，分别为 800 千伏安、380 伏、50 赫兹和 40 千伏安、220 伏、50 赫兹双输出岸电设备，新建箱式变压器一套，容量为 1000 千伏安；新建箱式变压器一套，容量为 1000 千伏安，提供船舶需求的 380 伏和 220 伏动力电源，通过航空插头为船舱中配备智能化生产车间，配有 4 条全自动精加工生产线进行供电。该项目于 2018 年 6 月 22 日正式投运。当前，东海鱼仓"海上加工中心"每年可加工深海虾 2 万吨以上，为当地渔民增加近 2 亿元收入。

二、技术方案

1. 方案比较

为了给海上加工船舶提供大量、稳定的能源动力，渔业停港作业船常采用柴油发电或静止式岸电电源。使用过程中，柴油发电存在诸多缺点。在环保性方面，柴油发电噪声大，污染重，极大地影响了周边环境；在经济性方面，燃油发电利用率不高、损耗严重、能源消耗量大，高消耗、高成本也加重了渔业企业的经济负担。因此，柴油发电难以维系海上加工中心的长期发展，静止式岸电电源已成为海上加工船舶实现绿色可靠生产的必要选择。

2. 方案简述

结合东海鱼仓"海上加工中心"靠岸船舶的实际用电情况，新建一座容量为 630 千伏安的配电房及相关配套设施，以满足"海上加工中心"的用电需求，由配电房铺设出线电缆至码头配电箱，满足灵活供电的需求。岸电的配电变压器型号：S13-M-630/10，额定容量为 630 千伏安。岸电的配电箱系统参数：800 千伏安、380 伏、50 赫兹。

岸电的供电原理是利用岸上低压电源通过出线电缆至港口码头的末端配电箱，船舶靠岸后可通过该配电箱直接对其供电。岸电的供电系统主要分为岸上主电源、出线电缆、末端配电箱和船上电源接入系统四个部分。其中岸上主电源即岸电的配电变压器提供的电源，出线电缆为变压器低压开关间隔至末端配电箱的连接部分，末端配电箱提供了船上电源的接入点与断开点。岸电供电原理图如图 1 所示。

图 1　岸电供电原理图

岸上配电箱如图 2 所示，现场如图 3 所示。

图 2　岸上配电箱　　　　　　　　　　图 3　现场图

三、项目实施及运营

1. 投资模式及项目建设

该项目由国网浙江综合能源服务有限公司投资。东海鱼仓"海上加工中心"岸电项目一次性硬件投资 100 万元。

2. 项目实施流程

项目工期为 3 个月。2018 年 3 月，海上加工中心实现首航；2018 年 6 月 22 日，海上加工中心顺利投入运行。

四、项目效益分析

1. 经济效益分析

海上加工中心的建成投运，帮助渔业企业节省了燃油成本，船舶柴油发电成本大概为 2.3 元/千瓦时，岸电大概 1.6 元/千瓦时。据测算，企业采用优质清洁电能替代原先柴油发电，年平均使用电量近 200 万千瓦时，替代柴油使用约 1000 吨，节约能源成本 100 万元。此外，海上加工中心的高效运转提升了渔业企业的产能、产品品质及经济效益。以往的生产模式是打捞后运往陆地工厂加工，且需要虾粉等添加剂进行保鲜，严重影响了生产效率和产品品质；现在打捞完成后直接在海上进行加工，不需要添加剂，从鲜虾入仓到烘干出盒装成品仅需 28 分钟左右，加工完成后直接运往国外出口产品的附加值提升 2 倍以上。

2. 社会效益分析

对于渔民而言，在海上就近将打捞的海产入仓，减少了渔船往返陆地次数，提高了渔船单位时间内的捕捞效率，同时收购价格提升，渔民收入显著增长。以岸电为支撑的海上加工中心投产后，预计每年可加工深海虾 2 万吨以上，为玉环拖虾渔民增加近 2 亿收入。

岸电属于清洁能源，环境效益显著。使用船用静止式岸电电源具有更高的性价比，可以向不同制式的船舶提供岸电。与发电机比较，静止式岸电电源节能 20% 以上。根据测算，该岸电项目全年可产生电量近 200 万千瓦时，年均约可减排烟尘、二氧化硫、氮氧化物分别为 2 吨、10 吨、3.1 吨，大幅降低渔业生产成本，减少污染。

五、推广建议

1. 经验总结

（1）对从配电房至港口码头配电箱、配电箱至船舶接入系统的出线、断路器等设备进行改造，在符合安全用电要求的前提下，提高供电可靠性。

（2）提前计算好改造后总体用电负荷，避免出现变压器超载现象，如果需要增容应及早办理增容手续。

（3）项目建设中必须注意安全问题，如遇到台风等恶劣天气时，应保证岸电的安全运行。

2. 推广策略建议

东海鱼仓岸电建设是国网玉环供电公司服务现代渔业海上加工中心发展的成功探索，为后续港口岸电建设和海洋渔业转型发展提供了良好的参考及经验。沿海地区渔业小港口众多，供电企业可对渔业加工船、客轮、货轮等行业开展电能替代业务拓展，通过清洁、可持续的电能替代高成本、高污染的柴油能源，保障碧海蓝天不受污染，提高经济效益，助力港口可持续发展。

案例 6
安徽省铜陵市长江码头低压岸电全覆盖

一、项目基本情况

国网铜陵供电公司积极主动进行"电能替代"探索实践，推动整个铜陵市长江码头低压岸电建设，努力创建与能源发展方式转变和能源战略转型相适应的"绿色低碳码头"，进而摸索出一套"产品化设计，规范化建设，沿江低压码头岸电全覆盖"的低压岸电推广建设模式。通过全面推进码头低压岸电全覆盖建设工作，降低船舶在码头停泊期间对煤炭、柴油等化石能源的消耗，鼓励使用清洁能源，做到港口码头生产运营过程低碳、低污染。

二、技术方案

1. 方案比较

方案一：船舶辅机发电。优点：无需投资建设岸电基础设施，无需进行船舶电气化改造。缺点：船舶排放污染、噪声大、污染水质，经济成本高。

方案二：港口岸电。优点：节能、环保、噪声低。缺点：前期投入较大，施工建设技术难度较大。

综合经济成本、环境保护、水源保护因素，方案二适于铜陵市长江码头停靠船舶用电需求。

2. 方案简介

岸电系统主要为停靠港口的船舶提供岸基电源，该系统提供的电源为 0.4 千伏/50 赫兹，与船上电源进行手动切换，由岸基电源进行安全、可靠的供电。

项目包含岸基电源部分，岸电系统采用港口原有配电设备经过地面电缆与码头前沿的固定式岸电桩连接，船上岸电电缆与岸电桩连接，实现将岸电送至船上，构成完整岸电系统。固定式岸电桩的进出线连接采用快速插拔方式实现。

三、项目实施及运营

（1）成立岸电推广小组，确保岸电建设有序进行。国网铜陵供电公司副总经理亲自推动，营销部主任靠前指挥，各单位分别建立以主要负责人为组长的领导小组，邀请码头电气专家，集合内部营销骨干，组建低压岸电项目推广小组，为低压岸电项目建设推广提供人才保证。为了更好地开展低压岸电建设工作，岸电推广小组在工作开展前制订了2019年推进低压岸电全覆盖工作行动计划。

（2）现场走访码头前沿，做好岸电考察调研。低压岸电项目推广小组现场走访铜陵所辖区域沿江的所有码头，对码头的物流运输、船舶停靠、用电模式、发展规划等方面进行实地考察调研。填写"码头低压岸电信息登记表"，收集和完善码头基础信息，建立码头低压岸电项目"一户一档"制度，并在后续不断健全低压岸电项目资料库，为岸电项目推广建设提供数据支撑。

（3）着眼码头发展现状，推动岸电产品化设计。国网铜陵供电公司结合散货码头、渔港码头等多处码头的基本情况，以"操作简便、价格低廉、设计规范、便于推广"为原则，积极与电气设备生产企业沟通接洽，通过委托产品研发的方式，设计了适合铜陵地区码头的四款标准配置低压岸电箱，并制作《低压岸电箱产品宣传手册》，方便码头业主按照实际需要直观、便利地选用相应成品设备。成品岸电箱型号规格包括岸电用电容量、是否带计量装置等，每一种配置均提供固定报价。岸电产品化设计可以降低码头岸电建设的设计成本，缩短码头岸电的建设周期，为码头低压岸电推广建设提供技术支撑。

（4）优惠政策和技术保障并举，落实岸电规范化建设。对于码头低压岸电项目的推广，公司采用"固定采购价格、标准设备配置、定址安装施工"的规范化建设和实行"设备零利润，施工费全免"的优惠政策。在低压岸电的建设过程中，全程为码头岸电系统的合理规划布局提供专业技术咨询和保障。安排专业人员对码头进行定点勘测，分析码头的供电能力、现有线路分布现状，指导修改平面走线图，力求码头布线科学、规范、经济，岸电箱、接引电缆等新增设备安全、可靠、便于操作。对于先前已经安装低压岸电设备的码头，对不符合规范的设备及时进行整改，确保安全可靠。

（5）归纳梳理岸电推广成果，多平台、多角度加强推广宣传。对成功投入使用的低压岸电项目进行梳理总结归档，最终形成全铜陵市低压岸电项目建设资料库。会同政府相关部门合力宣传低压岸电推广工作，开展低压岸电项目推广会，邀请码头业主、船运公司、低压岸电设备制造企业参会。各供电分局对辖区内所有码头进行上门宣传和推广，确保主动服务无死角。利用各种渠道大力宣传岸电项目优势，将运营状况优秀、环境改善明显的岸电项目作为优秀的电能替代项目及时汇报所在地政府，取得政府的肯定和支持，从而为项目推广建设提供政策支撑，为低压岸电标准化、常态化运营打下坚实的基础。

（6）做好岸电建设推广管控，合理开展专业管理的绩效考核。开展每月通报，内容包括指标完成情况、近期工作开展情况、重点项目推进情况、存在问题和困难、工作亮点等。同时，低压岸电推广建设情况纳入绩效考核体系中，由考评小组根据工作业绩进行考核。

引岸电电缆接入船舱如图 1 所示，检查岸电设施如图 2 所示。

图 1　引岸电电缆接入船舱　　　　　图 2　检查岸电设施

四、项目效益分析

在铜陵港码头设立试验点，对项目效益进行测算。以试点码头为例，港区用电约 0.9 元/千瓦时（用电销售价格），岸电销售价格 1.4 元/千瓦时（物价局指导价格），码头自有船舶单个充电桩每月累计接电 30 艘次，累计接电时间 211.8 小时，用电 5820 千瓦时，成本约 8148 元，若使用柴油则需 1869 千克，成本 14 373 元，自有船舶节约成本 6225 元。减少二氧化碳、硫氧化物等污染物排放 38 吨，排放量减少 90% 以上，极大改善了港区试验点的空气质量。减少了船舶的振动和噪声污染，船员生活质量明显提高。铜陵港 24 个码头的岸电点全部建设完成，按照全年接电船舶 2000 艘次计算，将累计增售电量约 38.41 万千瓦时，节约燃油成本 96.24 万元，减少二氧化碳、硫氧化物等污染物排放近2510 吨。

五、推广建议

1. 经验总结

项目主要亮点

（1）产品化设计助力低压岸电规范化建设。在开展低压岸电产品化设计之前，岸电推广小组调研发现，码头已有低压岸电项目的建设规范不统一，造成船舶接舶时用电容量不足、电缆过短、计量不准确等问题的出现。低压岸电的产品化设计促成成品岸电箱型号规格（如岸电用电容量、是否带计量装置等）有了固定的标准，且每一种配置均提供固定报价，使得客户购买低压岸电设备的过程如同购买空调等常规电器设备，购买体验良好，乐于接受。此外，岸电产品化设计可以降低码头岸电建设的设计成本，缩短码头岸电的建设周期。

（2）积极推动低压岸电项目标准化建设、常态化运营。国网铜陵供电公司通过积极主动与政府部门沟通合作，共同开展岸电技术标准的研究和制定，规范码头向船舶售电的计量、计费方式，推动支持岸电发展的相关政策法规。以码头低压岸电系统标准化、规范化运作为起点，切实提高码头低压岸电使用率。

（3）继续加强船舶接岸电这类电能替代典型案例的媒体宣传、推广。使更多的码头业主、船舶公司认识到岸电项目电能替代工作的优势，积极主动地参与到节能减排工作中来，为共同构建铜陵"绿色码头，清洁岸电"贡献自己的力量。

2. 推广策略建议

（1）国家层面出台统一的船舶受电装置技术规范，同时将船舶受电系统改造纳入船舶年度检测范围，省市级地方政府出台岸电设施投资建设、船舶受电系统改造补贴政策，提高岸电使用率，促进岸电可持续发展。

（2）省公司层面指导岸电商业运营，推进省物价部门出台统一的岸电运营服务费标准。

案例 7
福建省福安市码头智能岸电项目

一、项目基本情况

福建省福安市白马港 3000 吨级杂货码头于 1994 年建成投产,码头泊位长 129 米,宽 20 米,前沿最低潮水深 8.5 米,高桩梁板结构,年设计吞吐量能力为 20 万吨,港内基础设施配套齐全,功能完善,同时配备黄沙输送带系统,是闽东地区自动化程度最高的码头之一。2000 年国务院批准白马港作为一类口岸正式对外国籍船舶开放。

白马港 3000 吨级码头占地 30 多亩,仓库面积 1730 平方米,堆场面积 8000 多平方米,其中叶蜡石专用堆场面积 4000 多平方米。港口配备 35 吨轨道式门机 1 台,16 吨电动轮胎吊 2 台,0.5 立方米装载车 2 台,3.5 立方米装载车 1 台,6 吨叉车 1 台,3 吨叉车 1 台,其他装卸机械 10 多部。拥有完备的进沙与出沙装卸堆存系统。港口自 1994 年起经营外贸黄沙、叶蜡石等,装卸工艺成熟、先进,是闽东最理想的黄沙、叶蜡石等散货出口口岸。经过多年的发展,白马港现已成为闽东规模最大,设备配套最齐全,吊装能力最大、装卸效率最高的港口之一。

二、技术方案

1. 方案比较

随着国家经济持续快速发展,船舶停靠码头的数量和密度大幅增加,船舶靠港后关闭主机,启动辅机发电,为船舶提供日常的电力。辅机燃料大多为质量较差的重油,燃烧后会排放大量污染物,形成了规模壮观的"海上流动烟囱"。船舶燃油供电受船舶自身设备质量、规模、品质等影响,燃油利用率不高、损耗严重,且船舶柴油机产生的过剩电能又不能储存,消耗了大量的能源,造成了大量浪费,也对港口城市环境造成了巨大的破坏。目前,国内外一些先进的港口已经在船舶靠岸以后采用岸电电源给船舶供电,通过洁净的岸电电源能大大推进绿色港口的发展,解决了船舶停靠码头所产生的巨大能源浪费和环境污染等问题。

（1）船舶的自备发电机发电效率低，并且随着近年来国际原油价格不断攀升，船舶自带发电机发电成本日益高昂。以港口电网供电代替传统的自备燃油机发电机供电，一是节约船舶靠港供电的成本，二是可以直接节省船舶自身发电设施的维护费用，三是能提高港口的能效。

（2）船舶排放的有害物质包括氮氧化物(NO_x)、硫氧化物(SO_x)、一氧化碳(CO)、二氧化碳(CO_2)、碳氢化合物(HC)和颗粒物(PM)。采用船用岸电技术可消除靠港船舶的废气排放。

（3）船上自备柴油发电机造成噪声污染，接用码头船用供电系统后，可消除靠港船舶自备发电机组运行的噪声污染。

2. 方案简述

码头选址宁德福安港白马港，承建岸电电源 1 套，选定岸电电源容量为 800 千伏安，进线电源为 10 千伏/50 赫兹，泊位前沿设置低压接线箱两台。码头岸电示范工程整体由船舶岸基供电系统（由输配电系统、信息集控系统、功率变换系统、综合保护系统、电力连接系统以及电力变压系统等构成）转变为 400 伏/50 赫兹和 440 伏/60 赫兹输出至码头接线箱。

三、项目实施及运营

1. 投资模式及项目建设

码头岸电系统主要包括环网柜、高压计量柜、降压变压器、岸电变频电源、隔离变压器、低压出线柜、低压接电箱，并通过综合电力监控系统对所有设备进行电力监控，从而实现 400 伏/50 赫兹和 440 伏/60 赫兹两种电制输出。项目还包含部分土建，主要集中在集装箱基础、电缆敷设部分。港口智能岸电系统如图 1 所示，低压船舶岸电接电箱如图 2 所示。

2. 实施流程

项目前期准备，确定项目参与人员，细化项目研究内容，明确项目研究分工，对示范区域进行深入调研，收集掌握港口船舶负载情况、负荷特性、港区用电方式等具体资料。对相关资料进行汇总整理，对不同方式的岸电接入模式进行经济性和可操作性论证，确定船舶岸电接入模式。生成港口调研分析报告。

项目中期，设备入港，进行电气一次部分、土建建筑、电气二次部分及通信系统施工建设，安装调试。

图 1 港口智能岸电系统　　　　图 2 低压船舶岸电接电箱

项目后期，设备试运行，观察设备运行状态，处理突发的问题并进行完善。进行数据监测，运行效益计算。

四、项目效益分析

1. 经济效益分析

船舶使用岸电，将成为绿色生态型港口发展的趋势。对到港船舶实施岸电技术防治污染的可行性，已经被国内外的专家学者所论证，甚至已经被一些国家和地区先行使用。推广岸电技术，对节能减排、绿色经济和环境治理，有着重大社会效益和经济效益。

项目预期收益按照售电收入效益进行测算。

年收益=年收服务费×电力公司分成比例

年岸电电能替代电量=船舶平均负荷×船均年用电时间×船舶数

项目投资回收期=项目总投资/年收益

其中，年岸电电能替代电量取决于港口岸电设施的利用率。

2018 年，福安青拓码头年停靠船舶达到 100 艘次，平均停靠时间约为 24 小时；散货船在靠港期间的平均用电负荷为 600 千瓦，每年可实现电能替代 144 万千瓦时。船舶燃油发电成本大概为 2 元/千瓦时，岸电成本约 1.5 元/千瓦时。经测算，船舶企业采用清洁电能替代原先燃油发电，年节约成本为 72 万元。船舶燃油供电受船舶自身设备质量、规模、品质等局限性影响，燃油利用率不高、损耗严重，且船舶柴油机产生的过剩电能又不能储存，消耗了大量的能源，造成了大量浪费，也对港口城市环境造成了巨大的破坏。散货船在靠港期间使用岸电设备，将大大降低靠港期间能源消耗。

2. 社会效益分析

船舶停靠码头所产生的巨大能源浪费和环境污染使得船舶在港口内的节能减排成为必然要求，船舶排放的有害物质包括氮氧化物（NO_x）、硫氧化物（SO_x）、一氧化碳（CO）、二氧化碳（CO_2）、碳氢化合物（HC）和颗粒物（PM）。采用船用岸电技术可消除靠港船舶的废气排放。集装箱码头通过港口岸电设施的使用，可实现年减排二氧化碳 8.876 吨，氮氧化物 11.232 吨，硫氧化物 1.93 吨。在港口全面推广岸电技术，是适应港口繁忙的营运要求、实现港口节能减排的重要技术，是建设"绿色港口"和提高码头竞争力的重要措施，也是构建和谐城区、改善港区环境质量，协调港口与城市发展的重要举措，具有重大社会效益。

五、推广建议

1. 经验总结

（1）持续推进港口岸电设施建设，有利于电能替代政策的不断深化，港口作为运输业用电大户，用电量不亚于小城市，由于大多港口现场设备还保持基本满足港作业使用，很多都是依靠传统燃料。因此改造潜力巨大。在实施港口岸电项目过程中，供电公司与港口交流更加密切，为持续维系大客户、不断提升供电服务水平起到关键作用。

（2）港口岸电为供电公司增供扩销和深化电力体制改革提供新的思路。深化电力体制改革和国有企业改革将推动公司构建发展新模式，借助新经济形势和主管部门的环保政策要求，港口岸电可作为公司基础设施投资，实现增供扩销的重点方向；大量社会资本和企业看好国家政策机遇和行业前景，对投资港口岸电变现兴趣浓厚，同时，希望借助电力体制改革，通过岸电设施投资抢占港口终端售电市场。通过岸电终端设施的建设，可提升地区输配电价的回报率，增加供电公司在终端用户的固定资产，为提前占领港口大用户售电领域奠定良好基础。

2. 推广策略建议

（1）加大用户岸电替代项目可行性调研。

（2）加强与当地交通、环保、财政、科技等相关部门紧密合作，发挥地方政府作用，推动建立部门互动、区域联动、上下齐动的工作机制，营造港口岸电发展的政策环境，共同推动绿色港口计划。

案例 8
福建省福州市澳前客滚码头港口岸电项目

一、项目基本情况

福州平潭岸线资源丰富，拥有良好的港湾和优越的深水岸线，适宜建设大中型港口。澳前客滚码头是平潭综合实验区为打造两岸共同家园、发挥平潭距离台湾最近的地理优势、开通直航航线、实现与台湾地区直接对接的重点项目。码头拥有两艘平潭至台湾海上直航航线的客货滚装船舶。岸电的接入可以为船舶提供日常的电力，节约运行资金；同时可以解决环境污染等问题。该项目选择在澳前作业区海峡客滚码头泊位实施智能岸电电能替代工程。

二、技术方案

1. 方案比较

根据港口大小和停靠船舶类型，港口岸电的供电模式可以分为高压模式和低压模式。

方案一：高压模式。高压模式的供电方式是将码头电网 10 千伏、50 赫兹高压变频、变压转换为 6.6 千伏/6 千伏、60 赫兹/50 赫兹高压电源，接入船上配备的船载变电设备变压后供船舶受电设备使用。

优点：码头岸电系统的容量在 1 兆伏安以上，可采用高压供电方案；高压供电可减少电缆的根数和直径，一般只需要 1 根电缆连接，线路压降小、负载能力大，有利于较大功率输出电源；系统在安装时接驳比较方便，省去了每次船舶靠港后电站吊装和多根低压电缆的对接工作，使得船舶使用岸电更方便快捷，降低了劳动强度以及岸电使用成本。

缺点：该方案的实施过程中涉及对船舶的电气改造，需要港方和船方共同完成。

方案二：低压模式。低压模式的供电方式是将码头电网 10 千伏、50 赫兹高压变频、变压转换为 450 伏/400 伏、60 赫兹/50 赫兹低压电源，直接接入船上供受电设备使用。

优点：码头岸电系统的容量在 1 兆伏安以下，可以采用低压供电方案；低压供电无需对集装箱码头进行土建改造，也无需对船舶进行电气改造，便于推广应用；

将供电装置装入标准集装箱，置于码头边，便于移动，有效解决了我国港口船舶利用率不高和供电位置难以确定的问题。

缺点：低压供电方案的电缆的根数较多，电缆线径大，岸电容量 500 千瓦就要两根（三芯 185 平方毫米）电缆上船、1 兆伏安可能需要 4 根电缆上船，接驳不方便。

由于平潭澳前客滚码头的岸电系统容量为 300 千伏安，海峡客滚港年停靠船舶达到 200 艘次，施工时间不宜过长，且从经济性和利用率方面考虑，选择方案二，即低压模式。

2. 方案简述

港口变电站出线为低压 380 伏工频电源，经岸电电源系统，然后通过低压电缆连接到码头前沿低压接电箱。

码头现有低压配电室，岸电电源进线来自于该低压配电室。经过岸电电源系统后，送至码头前沿低压接线箱，最后通过船舶电缆将岸电送至船舶电网供电。港口船舶岸电系统如图 1 所示。对客运码头岸电进行调试如图 2 所示。

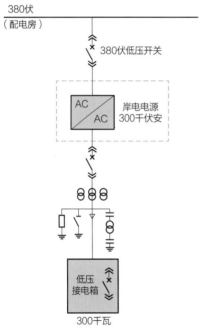

图 1　港口船舶岸电系统

图 2　对客运码头岸电进行调试

三、项目实施及运营

1. 投资模式及项目建设

项目选址福建省平潭市海峡客滚码头，建设岸电电源系统 1 套，容量为 300 千伏安，进线电源为 380 伏/50 赫兹，泊位前沿设置低压接电箱 1 台。码头岸电示范工程整体由船舶岸基供电系统、输配电系统、信息集控系统、综合保护系统、电力连接系统等构成，转变为 400 伏/50 赫兹码头接线箱。具体包括岸电电源系统、低压接电箱，并通过综合电力监控系统对所有设备进行电力监控，从而实现 400 伏/50 赫兹电制输出。

　　该项目由平潭综合实验区港务发展有限公司（甲方）和国网平潭供电公司（乙方）共同建造。甲方负责提供场所及后期运营等工作，乙方负责岸电装置、电力电缆以及岸电项目工程投资建设，该项目共投资 58 万元。

　　2. 实施流程

　　（1）供配电设备安装。供配电设备包括进线柜、计量柜、变压器、馈线柜、直流屏、岸电接电箱等柜体。岸电系统方案流程如图 3 所示。

　　（2）电源站内设备的安装。安装过程中主要流程包括：① 熟悉工艺流程；② 安装前准备；③ 设备开箱检查；④ 管线和电缆的铺设；⑤ 基础型钢制作安装；⑥ 送电前准备；⑦ 送电；⑧ 验收。

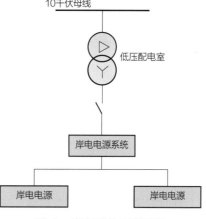

图 3　岸电系统方案流程

四、项目效益分析

1. 经济效益分析

　　该项目由国网福建平潭供电公司提供全部建设资金并负责项目整体建设，平潭海峡客滚港口有限公司提供已有可用设施和建设场地，项目建成后的运行维护工作由码头公司负责，项目所得收益由电力公司与码头公司按照 7:3 分配，电力公司得 70%，码头公司得 30%。

　　海峡客滚港年停靠船舶达到 200 艘次，平均停靠时间约为 12 小时，船舶在靠港期间的平均用电负荷为 150 千瓦，则泊位每年可实现电能替代 36 万千瓦时，按照购售电价差 0.5 元/千瓦时计算，项目可实现收益 18 万元。

2. 社会效益分析

岸电的接入可以减少环境污染,澳前客运码头岸电项目投运预计能让客运公司每年节约燃油 23 吨,减少氮氧化物排放量 71.64 吨、二氧化硫排放量 14.77 吨。同时,还可以节约船舶运行成本,有效提升大型高速客运船停靠的舒适性以及船上电器设备的稳定性。

五、推广建议

1. 经验总结

项目主要亮点

港口岸电具有较好的经济效益和环境效益,与国家节能减排政策相吻合,可有力地减轻港口环境污染问题,还可达到节能、降噪的目的。随着国家环保力度进一步加大,港口岸电技术研究不断深入,发展港口岸电已成为解决港口环境问题的必然趋势。

注意事项及完善建议

(1)目前靠港船舶依旧使用重油作为燃料驱动,使用重油比使用岸电更经济,因此港口岸电项目的使用率较低。

(2)港口岸电的宣传力度不够,靠岸船舶的运营者长期不习惯使用岸电系统。

(3)码头人员操作培训不到位,供电公司需加强码头人员操作培训。

(4)建议政府出台靠岸船舶不能使用重油等管理措施,加大监管和处罚力度。

2. 推广策略建议

中国的港口岸电技术处于发展初期,项目推广还未形成一套完整的体系。综上,针对中国港口岸电的推广提出以下建议。

（1）建议国家加强政策引导。建立岸电服务许可立法、岸电计价资费立法、船舶排放限值规定、岸电补贴政策等。

（2）建议国家完善标准体系。完善高压岸电标准、低压岸电标准、小容量岸电标准、接口标准等。

（3）建议加大技术攻关力度。主要有变频技术，船岸连接技术，船电、岸电切换技术等。

（4）加强合作共赢。港口岸电的推广是一项系统工程，需要经信、交通、环保、海事、发改、供电等相关部门的共同推动，达到节能减排，实现合作共赢。

（5）通过政府引导选定有条件实施的港口。对有条件的港口进行调研，同时加强与港口方及供电公司的联系。

（6）根据现场调研情况（码头变电站信息及船舶信息）编制港口岸电的方案，同时加强和业主及投资方的交流，获得其对项目的肯定。

（7）与投资方签订合同协议，与业主方确认备货和投运。在项目的实施工程中不断地发现问题、解决问题，修改完善技术方案。

案例 9
河南省南阳市宋岗码头港口岸电项目

一、项目基本情况

南阳淅川宋岗码头位于丹江口水库，地处汉江中上游，国家级生态文明示范区。为积极贯彻国家发展和改革委员会节能减排部署，大力倡导国家电网有限公司电能替代能源消费新模式，不断提高电能占终端能源消费比重，推进社会节能减排，国网南阳公司推广船舶接用码头供电系统后，可消除自备发电机组运行产生的噪声污染，减小噪声扰民问题。这不仅是各港口可持续发展的重要举措，也是构建和谐城区、改善港区环境质量、协调港口与城市发展的重要举措，具有重大社会效益。

二、技术方案

1. 方案比较

方案一：河南南阳宋岗码头，码头主要为游轮、渡船、干散货码头等，建设岸电电源系统 12 套，其中游轮 2 套；干散货码头、长线客运码头 10 套。游轮岸电单套容量为 300 千伏安，进线电源为 10 千伏/50 赫兹。干散货码头、长线客运岸电单套 100 千伏安，双输出。岸电码头岸电示范工程整体由船舶岸基供电系统、输配电系统、信息集控系统、综合保护系统、电力连接系统以及电力变压系统等构成，转变为 380 伏/50 赫兹输出至码头岸电装置（300 千伏安游轮岸电通过接电箱向船侧供电，100 千伏安双输出岸电装置为一体化岸电桩向船侧供电），具体包括高压进线柜、降压变压器、低压出线柜、智能岸电电源系统、人机交互系统、计量计费系统，并通过综合电力监控系统对所有设备进行电力监控，从而实现 380 伏/50 赫兹电制输出。

方案二：河南南阳宋岗码头等 6 个码头，码头主要为游轮、渡船、干散货码头等，建设岸电电源系统 72 套，其中游轮 10 套；干散货码头、长线客运码头 60 套。游轮岸电单套容量为 300 千伏安，进线电源为 10 千伏/50 赫兹。干散货码头、长线客运岸电单套 100 千伏安，双输出。岸电码头岸电示范工程整体由船舶岸基供电系统、输配电系统、信息集控系统、综合保护系统、电力连接系统以及电力变压系统等构成，转变为 380 伏/50 赫兹输出至码头岸电装置（300 千伏安游轮岸电通过接电箱向船侧供电，100 千伏安双输出岸电装置为一体化岸电桩向船侧供电），具体包括高压进线柜、降压变压器、低压出线柜、智能岸电电源系统、人机交互系统、计量计费系统，并通过综合电力监控系统对所有设备进行电力监控，从而实现 380 伏/50 赫兹电制输出。

从社会效益和经济效益方面综合考虑，结合丹江口水库的功能定位，采用方案一更为适宜，一方面在单一码头实施港口岸电项目，消除当地船舶靠港期间有害气体排放和自备发电机组运行产生的噪声污染，改善港区环境质量。一方面在推广应用船舶岸电技术的同时，宣传电能替代能源消费理念，扩大电能替代成效影响，合理减少项目投资的同时，为后期在库区全面实施港口岸电提供有效可行的依据。

2. 方案简述

南阳宋岗码头岸电系统建设的电源由各码头提供 10 千伏/50 赫兹进线电源，依次接入岸电电源进线柜、降压变压器，经低压馈线柜将 380 伏/50 赫兹电源输出至码头前沿的低压一体化岸电桩及岸电箱，为船舶供电。宋岗码头岸电系统图如图 1 所示。一体式智能低压交流岸电桩如图 2 所示。

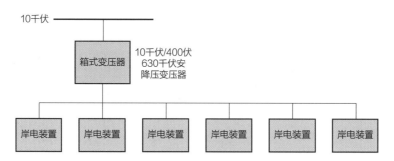

图 1　宋岗码头岸电系统图

图 2　一体式智能低压交流岸电桩

三、项目实施及运营

1. 投资模式及项目建设

该工程包含高压配电变压器、智能岸电装置、计费系统、高低压电缆及电缆分支装置等，全部设施列入项目整体投资，纳入公司岸电项目管理。属地供电公司负责制订电网接入方案，组织开展工程的建设、管理工作，负责港口岸电项目的运营服务。

图 3　HIE 伏服务云平台工作流程

岸电设备在建成后，接入 HIE 伏基于云技术的电动汽车充换电公共服务互动平台（简称 HIE 伏服务云平台，以下称该平台），其工作流程如图 3 所示。该平台客户端由属地供电企业负责管理，可实现岸电设施、电表设施的灵活接入，并对岸电设施的运行工况、用电过程中的岸电设施各类信息进行实时监视，对用电电量、用电金额、用电次数等信息进行统计查询。平台站控系统独立运行时，可实现岸电设施的刷卡送电等用电方式，并可根据用电记录支持单笔用电费用线下结算，根据合同约定和用电电量支持批量结算；在有上级云平台的情况下，可实现岸电桩的扫码用电，并在平台的支撑下，可按照上级运营平台结算策略实现随用随结。根据实际应用场景需求，其监控系统可以有线组网也可以无线组网，当设备比较分散时可以选择无线组网，当设备比较集中时可以选择有线组网。

2. 项目实施流程

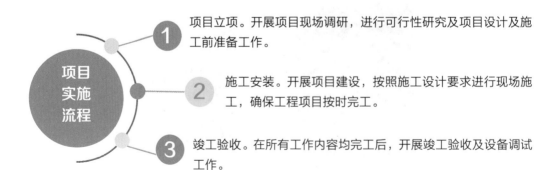

项目立项。开展项目现场调研，进行可行性研究及项目设计及施工前准备工作。

施工安装。开展项目建设，按照施工设计要求进行现场施工，确保工程项目按时完工。

竣工验收。在所有工作内容均完工后，开展竣工验收及设备调试工作。

四、项目效益分析

1. 经济效益分析

该项目由国网南阳供电公司提供全部建设资金并负责项目整体建设，各个码头提供已有可用设施和建设场地，项目建成后的运行维护工作由码头公司负责，项目所得收益由供电公司与码头公司按照 7∶3 分配，供电公司得 70%，码头公司得 30%。

游轮岸电电源 2 套，平均功率 200 千瓦，船舶每天平均停靠时间约为 10 小时；散货及常客船舶平均负载 40 千瓦，共计 10 套，船舶每天平均时间为 5 小时。预计每年可实现电能替代 219 万千瓦时。

目前与港方达成一致意见，按照 1.5 元/千瓦时的价格向受电船舶收取服务费（其中含 0.78 元/千瓦时的基础电价）。

船舶使用岸电，将成为绿色生态型港口发展的趋势。对到港船舶实施岸电技术防治污染的可行性，已经被国内外的专家学者所论证，甚至已经被一些国家和地区先行使用。推广岸电技术，对节能减排、绿色经济和环境治理，有着重大社会效益和经济效益。

2. 社会效益分析

我国的港口众多，2018 年沿海港口货物吞吐量达 92.129 4 亿吨，居世界之首，船用岸电技术作为港口城市治污最直接、最有效的方式，推广和应用拥有巨大的市场空间和发展潜力。在环境保护方面，港口船舶高压岸电电源的研究成果，提高了电能在终端能源消费的比重，对推动能源革命、实现"两个替代"和构建全球能源互联网具有重大而深远的意义。总结起来，岸电电源社会效益主要体现在以下几方面：

（1）岸电电源是港口城市建设绿色循环低碳港口的重要举措。港口岸电的建设将进一步提高港口航线的开发、合作及交流优势，极大地支持港口城市低碳城市经济的发展。

（2）可提高城市环境质量，节能减排环保效益突出。船舶靠港使用岸电相当于将污染源集中在电厂，电厂采取集中脱硝脱硫等处理措施，使船舶使用岸电的大气污染物排放远低于使用普通燃料油或低硫油的排放。交通运输部水运科学研究院节能中心提供的数据显示，船舶靠港使用岸电与使用低硫油相比，硫氧化物降低率为 81.4%～87.9%，氮氧化物降低率为 97.4%～98.3%，细颗粒物降低率为 77.1%～85.1%，具有明显的环保效益。

例如：4250TEU 号集装箱船在港口停靠期间内的功率消耗平均为 1000 千瓦。按照交通部的规范，停泊位的利用率确定取中间值 0.58，全年停靠船舶 212 天，折成小时为 5088 小时，船舶用电量 508.8 万千瓦时。

依据 GB 20891—2014《非道路移动机械用柴油机排气污染物排放限值及测量方法（中国第三、四阶段）》，非道路的交通工具用柴油机的排气污染物的排放最大值为一氧化碳（CO）3.5 克/千瓦时，氮氧化物（NO_x）0.67 克/千瓦时，碳氢化合物（HC）0.4 克/千瓦时，颗粒物（PM）0.1 克/千瓦时，烟气总的质量为 4.67 克，通过计算可以得知，每个泊位每年的减排量是 23.761 千克（包括 CO、HC、NO_x 和 PM）。如果实现将所有的港口都接入岸电，则年减排量会更大，改善环境的作用将更加突出。

（3）改善港口工人的工作环境和船员的生活质量。岸电采用后，在船舶停靠时间内，船舶柴油机产生的巨大噪声不复存在，与减噪等系统相关的船员的工作量大大减少，船舶没有震动和噪声，船员生活质量得到很大提高，设备使用寿命也得到有效延长。此外，在港口，工人的工作环境变得清新安静，"以人为本"的理念得到体现。

五、推广建议

1. 经验总结

项目主要亮点

该项目采用典型以电代油、智能用电特色的港口船舶岸电系统方案，以坚强电网为基础，通过先进的控制和测量技术与先进的仪器设备技术用以实现多元化满足用户需要的供电终端，实现船舶用电的可靠、安全、经济、稳定、安全的总体目标。系统技术模块程度高，并且多项技术申请国家专利，具体特点如下：

（1）采用专用岸电电源。

（2）电源供电质量保障。岸电系统输出的电能质量在谐波、电压偏差、电压不平衡度、电压波动和闪变等方面应满足相关的国家标准。

（3）信息端口开放化。岸电电源的外围接口为开放式系统，提供对外数据接口，实时将电源的运行工况上传和下传上位机，实施电网运行和船方用户的远程监控、报警及规范安全操作许可警示之用。

（4）船岸连接便捷化。针对低压上船，在落实安全操作许可证手续的情况下，船舶岸电操作人员只需将船上的低压插头接至码头低压接线箱内，即可完成船岸供电连接。

（5）运行智能化控制。船岸采用光纤传输以太网通信技术，实现船岸同时监测、电量参数反馈、数据互传共享、报警信息传递等功能；实现船岸电量参数电压、电流、频率、负载的闭环控制和保护控制，让船、岸系统更加可靠、稳定。

（6）友好的人机对话界面。实时的监控报警，实时显示岸电、船舶受电电网的运行工况和电量参数；各种报警、故障的显示并存储记录。

（7）保护功能。对过电流、短路、过电压、欠电压、逆功率、负载不平衡、绝缘低、接地等故障进行保护，各类保护点设置多达上百种，确保设备和人身安全。

注意事项及完善建议

基于南阳宋岗码头的特殊地理位置，结合港口岸电项目在建设过程中遇到的问题，建议应提前获取当地政府主管部门在相关区域的整体规划方案，并在项目实施过程中，及时沟通联系，对项目设计随时做出调整，确保项目顺利完工投运。

2. 推广策略建议

（1）建议按照不同类型码头和不同地理位置特点，因地制宜进行设计与项目实施。

（2）建议促请政府出台相应规范统一的岸电接口标准，便于统一长江沿线各码头、各游轮公司低压接口建设和改造，提高泊船充电使用率及充电安全可靠性。

（3）建议各级政府出台相应的岸电建设及船舶改造补贴优惠政策，明确岸电投资主体建设补贴、运营服务费及船舶接电改造补贴标准，以鼓励游轮公司及个体经营业主更加主动地进行船舶改造并参与岸电接入，为建设运营长江沿线三峡等主要码头岸电项目提供政策支持。

（4）建议在条件成熟的情况下，结合目前岸电项目整体运营情况，考虑成立岸电服务公司，对岸电项目进行统一管理，实现"建设-运维-运营"系统管理，以便更有效的开展项目建设监控、运维运营管控、岸电充电服务等工作，提高公司在岸电方面的精益化管理和服务水平，提升客户的岸电充电体验。

案例 10
四川省泸州市港用低压小容量岸电项目

一、项目基本情况

泸州港位于四川自贸区川南临港片区，是国家二类水运口岸、四川第一大港口和集装箱码头，也是四川省唯一一个被交通运输部确定的全国内河主要港口。港口现有6个3000吨级直立框架式泊位。近年来，随着国家经济持续发展，港口建设的步伐越来越快，船舶停靠码头的数量和密度大幅增加，需要消耗大量燃油，造成大量废气和颗粒物排放，导致严重的环境污染，使得节能减排成为港口发展的必然要求。

国网泸州供电公司抓住国家电网有限公司电能替代十大示范工程之"'两纵一横'港口岸电互联互通示范工程"机遇，积极向泸州市政府和电力主管部门报告，促使市政府将泸州港口岸电纳入了"十三五"电力工作实施方案，为工程顺利实施提供制度保障。国网泸州供电公司主动上门与港口管理方协商岸电项目，取得港口方的大力支持，共同引进一家成熟的岸电运营投资商，以最快速度开展岸电系统的低压电缆和充电桩的建设，促成港口岸电项目最终落地。港口实施岸电项目，不仅可以降低船舶靠港成本和维护费用，提升港口在其所在港区中的竞争能力，也可以大幅减少港口所受的环境污染和噪声污染，是响应交通运输部建设低碳、绿色、智慧港口的有效措施。岸电桩供电实物图如图1所示。

图1 岸电桩供电实物图

二、技术方案

1. 方案比较

方案一：高压大容量岸电桩。采用分离式设计，有效利用设备，码头仅需安装高压接电箱，占用场地小，不影响码头正常作业；只需一根高压电缆上船，连接十分便捷；一键操作就能实现船岸自动并网、自动负载转移、自动切断发电机供电，操作完全自动化，实现不间断稳定供电；船岸通过以太网通信，实现船岸实时监测、实时控制保护、自动电压跟踪、自动调整等功能，运行安全智能；高压岸电电源所提供的供电容量大，可以满足船舶在靠港期间的作业用电。

方案二：低压小容量岸电桩。将码头电网 10 千伏、50 赫兹高压电源经变压器转换为 380 伏三相低压电源，直接接入船上受电设备使用。容量一般在 100 千瓦以下。多用于内河航道服务区、航道渠化段及各类内河码头。

泸州港集装箱货船多为 3000 吨左右的中小轮船，靠港后人员不在船上生活，柴油辅机约 15 千瓦，多用于船舶仪表控制等，由于容量小，因此采用低压小容量岸电装置。

2. 方案简述

采用 10 千伏供电，变电容量 315 千伏安，通过低压电缆安装共计 6 套 40 千瓦的岸电充电桩，一桩两充。船舶靠港期间，停止使用船舶上的发电机，改用岸电桩供电。

三、项目实施及运营

1. 投资模式及项目建设

项目由港口方、供电公司以及设备方共同推动，其中：四川泸州港务有限责任公司免费提供船舶岸电设备相关场地，配合完成船舶岸电项目相关的线缆铺设，完成日常岸电接电箱管理工作，引导船舶靠岸后使用岸电供电；国网泸州供电公司负责建设配套电网，将高压线缆牵引至箱式变压器位置；岸电设备供应企业负责全部设备的资金投入，并且负责安装、调试、运营泸州港船舶岸电项目，对岸电系统全部设备提供终生免费维护，负责设备控制系统软件、运营平台系统运维升级，申请岸电项目专用电价。

2. 项目实施流程

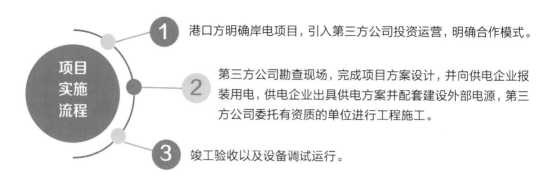

① 港口方明确岸电项目，引入第三方公司投资运营，明确合作模式。

② 第三方公司勘查现场，完成项目方案设计，并向供电企业报装用电，供电企业出具供电方案并配套建设外部电源，第三方公司委托有资质的单位进行工程施工。

③ 竣工验收以及设备调试运行。

四、项目效益分析

1. 经济效益分析

从用能方来看：经过实际调研，船舶辅机燃油消耗率约为 0.5 千克/千瓦时。燃油消耗率与年用电量相乘可以得出年消耗柴油总数。依照柴油市场价格就可计算出船舶年燃油费用区间值为 1.7 ~ 3.15 元/千瓦时 [注：按照当前清油（0 号柴油）6300 元/吨计算，折算成每度电的燃油成本为 3.15 元/千瓦时；一般重油价格是清油的 0.54 倍，折算成每度电的燃油成本为 1.7 元/千瓦时]。全部用清油价格较贵，而全部用重油会对发电机组产生一定的损耗，所以实际上船舶靠港期间都是重油和清油混合烧，按 1:1 燃烧折算成每度电的燃油成本约为 2.4 元/千瓦时。岸电采用低压上船，船舶免于改造，船方不用支付额外的费用。岸电项目按 1.6 元/千瓦时左右收取，成本远低于燃油，更能促进船方的接电意愿。

从岸电设施投资方来看：目前港口平均每天停靠 5 艘船，停靠后均使用岸电供电，功率平均 15 千瓦，平均每天靠岸时间 18 小时，则年用电量大约 50 万千瓦时，投资明细见表 1。

表1	投 资 明 细
总投资额（万元）	262
每年固定投入（万元）	5
固定充电量（万千瓦时）	50
五年到期设备报废回收收益（万元）	96
投资回收期（年）	10

　　运营期间每年需要投入人员管理费、设备维护费用、后台维护费用 5 万元/年，低压岸电控制设备、电缆收放设施寿命为 5 年。根据测算，服务费率按 100% 计算，10 年收益基本持平。

2. 社会效益分析

　　船舶使用岸电不仅具有一定的经济性，还具有极大的社会效益。按照年用电量 50 万千瓦时计算，每年可减排废气 3270 吨，极大改善港口环境。船舶使用岸电，将成为绿色生态型港口发展的趋势。

五、推广建议

1. 经验总结

项目主要亮点

　　引入第三方企业投资、运营以及维护，第三方企业直接向船舶收取费用，并且向供电公司支付相关的电费。该岸电系统有一套网络服务器，可以接受多台设备上传数据，并且可以对设备进行站点管理，设备联网采用的 GPRS 模式，可以不受当地的网线网络形式的限制，内河船只的电压范围基本都是 0.4 千伏，所以该岸电系统具有较强的复制性；系统控制芯片的研制，保留较多的 I/O 口，可以在相同或者相类似的一些电能替代中使用，便于有效地推广。

注意事项及完善建议

　　从目前的运营情况来看，由于服务费用尚未出台，加之政府未强制船舶使用岸电系统，船舶靠港后，船上人员大多上岸，岸电替代使用还是缺少更好的环境。因此要加强政府的主导作用，否则大面积推广使用效率较低。

2. 推广策略建议

　　一是促请政府出台岸电推广相关政策，如岸电服务费价格政策、环保引导激励政策、建设改造补贴政策等，为岸电前期建设以及后期运营提供支撑。

二是理顺岸电使用相关利益关系，促使港口方、船方均有意愿使用岸电设备。

三是岸电推广可结合码头类型、吨位、投入回报等因素，采取逐步推广的形式，在利用率高的码头优先推广，效果明显。

四是解决电力增容问题，提前介入，做好预测和规划，才能保证有充足的电力容量满足靠港船舶使用。

案例 11
江苏省常州市千吨级纯电动货运船项目

一、项目基本情况

近年来，国家交通运输部明确要求相关部门加快纯电动货船研究，实现电动货船靠泊接用岸电并进行充电。为助力提升环保整治成效，开创运输船舶领域电能清洁能源替代先河，中天钢铁集团有限公司、上海瑞华（集团）有限公司、国网江苏省电力有限公司常州供电分公司本着资源共享、优势互补、合作共赢的原则，协商一致达成了三方合作纯电动货运船试点示范项目。共同投资、共同研发，共担风险、共享收益。

江苏段京杭运河纵穿南北 687 千米，2015 年京杭运河的货运量、货物周转量分别达到 35 633 万吨、9 999 376 万吨，均居于我国各水系中的第三位，且与第二位的珠江差距较小。"双电"船项目的建成将对京杭运河具有重要示范意义。

二、技术方案

1. 方案比较

一般来说，传统的柴油机动力船舶动力系统和用能系统相对独立，而纯电动货运船动力系统和其他用能系统处于全船统一的电力网系统，具体如图 1 所示。二者相比，动力系统的变化最大：传统的柴油机动力船舶的动力推进系统主要由柴油机主机、变速箱、轴系、螺旋桨等组成，纯电动货运船的动力推进系统则采用锂电池+超级电容、变频器、电动机、轴系、螺旋桨等，除了轴系和螺旋桨之外，动力系统其他主要设备完全不同。新能源船舶与传统船舶动力及用能系统比较见表1。

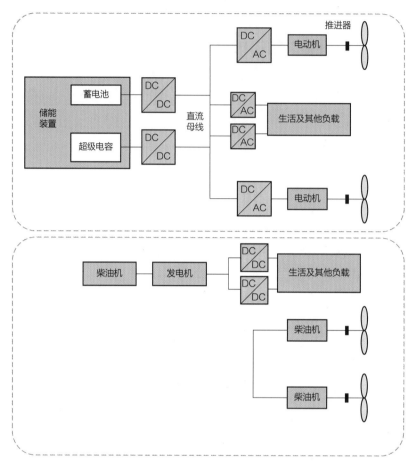

图 1 "双电"船舶与传统柴油机比较

表 1   新能源船舶与传统船舶动力及用能系统比较

分类	增加部分	减少部分
主动力系统	（1）锂电池； （2）超级电容； （3）电动机（主机）； （4）动力控制系统	（1）柴油机（主机）； （2）燃油供应系统； （3）变速箱； （4）分油器等
辅助动力系统	电力控制系统	（1）柴油机（副机）； （2）发电机； （3）变压器等
充电系统	（1）岸电连接系统； （2）充电控制管理系统	

2. 实施方案简介

该船总长 49.8 米，型宽 10.6 米，型深 3.9 米，吃水 3.1 米，设计航速 12 千米/小时，载重 1000 吨，采用两台 120 千瓦的电动机作为动力推进。装备双电（锂电池+超级电容）动力系统，电池容量 1500 千瓦时，续航里程 50 千米。

该船建成后用于卸货码头至连江桥码头之间往返装卸货，航程约 35 千米，目前设计完全满足应用航程。

船舶相关参数：最高航速、瞬间动力输出高于京杭运河同吨位的柴油机船。一次性充满电可以续航 50 千米，使用移动式电源续航力可以再增加 100 千米。采用快充技术，2.5 小时可以充满电。电池参数：储能系统电池电压等级为 600 伏直流，单体电池容量为 500 安时/250 安时，储能系统电池单位容量为 300 千瓦时/（150 千瓦时×2）。船体毛坯图如图 2 所示，船体下水图如图 3 所示。

图 2　船体毛坯图

图 3　船体下水图

三、项目实施及运营

1. 投资模式及项目建设

该项目采取三方合作形式，由中天钢铁集团有限公司出资建设船体，上海瑞华（集团）有限公司提供纯电动运输船舶动力技术和电池租赁，国网江苏省电力有限公司常州供电分公司投资和建设充电设施，以实现三方优势互补、合作共赢。

2. 运营模式

该船产权归属中天钢铁集团有限公司，用于该公司码头到新材料码头之间的矿渣运输，年运行 200 航次，电池采取租赁的模式，由中天钢铁集团有限公司向上海瑞华（集团）有限公司租赁使用，租赁费采取油电差价的方式。

四、项目效益分析

1. 经济效益分析

（1）造价对比。传统千吨级燃油船建造成本为 195 万元，京杭运河千吨级纯电动货运船建造成本约 466 万元。

（2）年运行成本。

1）每个航次实际油耗的平均数据：160 升油。

2）电动船计算单边航行动力系统配电池容量：500 千瓦时。

京杭运河燃油船和纯电动货运船年成本利润对比见表 2。

表 2　　　　　　　京杭运河燃油船和纯电动货运船年成本利润对比

项目	每航次	燃油船	纯电动货运船
		200 航次/年	200 航次/年
货物吨位数（吨）	1000	200 000	200 000
油费/电费（元）	896/600	179 200	120 000
设备维护费（元）	—	40 000	10 000
人工费用（元）	—	200 000	200 000
合计年运输成本（元）	—	419 200	364 287
年合同运费（元）（注：6.7 元/吨）	—	1 340 000	1 340 000
年利润（元）	—	920 800	1 010 000

注　1. 纯电动货运船每航次用电量 2×500=1000（千瓦时），电费=1000×0.6=600（元）：燃油船每航次耗油 160 升，柴油 5.6 元/升，油费=160×5.6=896（元）。

2. 设备维护费：传统燃油船因需要进行油路维护、发动机维护、变速箱维护等工作，因此设备维护费高于电动船。

3. 人工费用：取船员平均工资约 10 万元 1 年，配备两名船员。

传统燃油船年运输 200 航次油耗费用 179 200 元，纯电动货运船耗电费用 120 000 元。比例为 0.67，接近船舶行业统计数据电和油的能耗值比（0.5）。

（3）与传统燃油船对比分析经济性。千吨级纯电动货运船，初期投资建设费用为 466 万元，传统千吨级燃油船建设费用为 350 万元，根据表 2 年利润分别计算投资回收期，见表 3。

船型	投资回收期
传统燃油船	3.8 年
纯电动货运船	4.61 年

表3 投资回收期

传统燃油船初始投资小，回收期短，纯电动货运船初始投资是传统燃油船两倍，投资回收期相对较长，但仍在合理范围内。纯电动货运船保养维修费用低，年利润较高，投资回收后，每年比传统燃油船可多产生近 10 万元的利润，并且通常船舶使用寿命在 30 年左右，从远景来看，纯电动货运船更具备投资价值。

2. 社会效益分析

按照电池租赁合同估算，该项目中纯电动货运船全年航行 200 个航次，全年总运载量为 20 万吨，单航次按照 160 升柴油结算，预计全年减少消耗柴油 27 吨，折合减少二氧化碳排放 9.15 吨，二氧化硫排放 0.03 吨，氮氧化物排放 0.02 吨。

按该公司全年运量为 1000 万吨，全部使用纯电动货运船可节省柴油 1360 吨，折合减少二氧化碳排放量 460.74 吨，二氧化硫排放量 1.51 吨，氮氧化物排放量 1.31 吨。

五、推广建议

1. 经验总结

（1）该试点项目是国内第一艘内河 1000 吨新能源纯电动运输船项目。通过柴油船舶航行试验、设计方案研究、设计深化论证，评估船舶的安全性、可靠性，再通过经济技术论证和效益分析，论证能否满足航线对节能减排的要求，是一次全新的技术开拓。

（2）试点项目将努力解决内河船舶动力推进系统的效率优化，柴油机改电动机后的推进稳定性、推进操纵控制、电能动态管理、谐波抑制等内河集装箱船电力推进系统的技术要点、难点、控制点，内河大吨位船舶电力推进系统等一系列新技术的问题。

（3）试点项目将利用移动互联技术，与纯电动船舶微网储能系统、船舶控制系统无缝对接，实现船舶控制系统的网络终端化、过程自动化，充分体现智能化技术在船舶领域的应用。

（4）试点项目将通过经济技术论证和效益分析论证，开拓推广内河纯电动货运船未来可行的运营模式，特别是锂电池上船的供应模式以及对策建议，具有很高的科学参考价值和现实意义。

2. 推广策略建议

该项目作为新能源在船舶领域的应用实践，将起到示范作用，特别是对减少城市内河、港口的碳排放将起到非常好的社会效益。为了更好地推广该示范项目，将可以从以下方面来提高经济效益：

（1）增加充电次数，减少动力锂电池数量。

（2）采用"船用充电宝"换电模式，减少动力锂电池数量。"船用充电宝"是由动力锂电池、超级电容、电池管理系统组成，安装在一个标准集装箱内的储能系统。当船舶需要用电时，直接用吊装设备换"船用充电宝"。

（3）向政府相关部门申请过闸优先、免过闸费、节能环保补贴等优惠。

案例 12
山西省阳泉市高速服务区充电站建设项目

一、项目基本情况

国网山西省电力公司根据电动汽车充电需求预测，计划在山西境内青银、二广、京昆、荣乌、青兰五条国家级高速 46 个服务区共建设 46 座高速快充站。为满足电动汽车在阳泉至五台的城际高速上的充电需求，并根据电动汽车充电需求预测，在阳五高速盂县北服务区五台方向和阳泉方向各建设 1 座高速快充站。高速快充站如图 1 所示。

图 1 高速快充站

二、技术方案

1. 方案比较

按照《国网山西省公司"十三五"电动汽车智能充电服务网络发展规划报告》要求，进行电动汽车充电站站址选取，主接线、设备、配电装置选型及布置，并积极采用先进成熟的新技术，优化变电站控制系统。按照"以点带面，重点突破"的建设思路，山西省电动汽车城际充换电服务网络建设充分考虑服务车辆的特性，结合技术发展现状和趋势，合理选择充电设施的类型、模式，对站点进行科学布局和规模设计，以保障用户的便利性和经济性。

工程在线路路径选择中进行了多方案比较，避开了饮用水水源保护区等生态敏感区域，架空线路尽量远离了城镇规划区及居民集中区。

2. 方案简述

工程概况及站址概述

　　根据功能需求，结合场地情况，参考国家电网有限公司高速公路快充站建设典型设计，本次充电站采用模块化平面布置，并根据各场区情况进行具体调整布置。

　　站区总占地面积约 360 平方米，新建 2 座充电站。根据充电站实际需求，新建 2 台直流充电桩，共 4 个充电车位，远期规划 8 台直流充电桩，共 16 个充电车位，电动汽车直流充电桩如图 2 所示。每个充电站设箱式变压器一座，充电设备模块一座。变压器室如图 3 所示。

图 2　电动汽车直流充电桩　　　　　　　　图 3　变压器室

充电站配置情况

　　（1）配电系统。每座充电站设置 10 千伏箱式变压器一座，容量 630 千伏安，10 千伏采用单回路供电，电源采用电缆敷设，单母线接线方式：0.4 千伏采用电缆出线为充电系统供电。高压柜设置进线计量柜 1 面、主变压器出线柜 1 面。低压采用单回路进线，单母线接线方式，设进线柜 1 面、出线柜 2 面、电容补偿柜 1 面（含有源滤波装置）。

　　（2）直流充电系统。每座充电站本期建设规模为 1 台直流充电桩。选用 120 千瓦分体式直流充电桩，一机 2 充，采用落地式安装方式。

　　（3）运行管理系统。箱式变压器内设置通信柜，配置数据集中器，充电桩的监控信息将通过 CAN 网通信的方式上送到该区域的集中器处，再通过无线网络传输的方式完成与管理系统的互联。

　　（4）充电桩总容量。4 台充电桩总容量 449 千瓦，汽车充电站内其他辅助设备所需容量约为 20 千瓦，所以充电站的负荷总容量为 469 千瓦。

（5）配电变压器容量选择。考虑主变压器 20% 余量，每座充电站设置 630 千伏安箱式变压器 1 台，变压器采用 SBH11 型干式变压器。充电站平面布置图如图 4 所示。

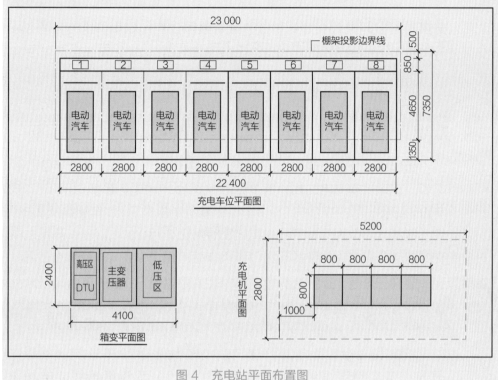

图 4　充电站平面布置图

三、项目实施及运营

1. 投资模式及项目建设

该项目由电力公司自行筹措资金，工程总投资为 240.29 万元。其中建筑工程费 54.18 万元，安装工程费 44.63 万元，设备购置费 108.42 万元，建设期贷款利息 2.25 万元，基本预备费 4.68 万元，其他费用 26.13 万元。项目实际运营主体为山西省电动汽车公司，主要对阳五高速过往车辆提供充换电服务。

该项目共有 3 个工程，分别为国网山西阳泉供电公司阳五高速盂县北服务区（五台方向）充电站新建工程、国网山西阳泉供电公司阳五高速盂县北服务区（阳泉方向）充电站新建工程、山西阳泉盂县阳五高速盂县北服务区充电站 10 千伏电源接入工程。

1 国网山西阳泉供电公司阳五高速盂县北服务区（五台方向）充电站新建工程

新建高速公路充电站1座，配套8个充电车位，车位上覆盖半覆式PVC车棚。本期规模充电站共配置1台120千瓦一体式充电桩，占用2个充电车位，配套视频监控系统；8个车位上覆盖半覆式PVC车棚以及最终规模的土建工程。作为一期工程，实施工期为2个月。

2 国网山西阳泉供电公司阳五高速盂县北服务区（阳泉方向）充电站新建工程

新建高速公路充电站1座，配套8个充电车位，车位上覆盖半覆式PVC车棚。本期规模充电站共配置1台120千瓦一体式充电桩，占用2个充电车位，配套视频监控系统；8个车位上覆盖半覆式PVC车棚以及最终规模的土建工程。作为二期工程，实施工期为2个月。

3 山西阳泉盂县阳五高速盂县北服务区充电站10千伏电源接入工程

新建10千伏线路0.35千米，其中架空线路0.29千米，电缆线路0.06千米；架空绝缘导线采用 JKLGYJ-10-50 型绝缘导线，电缆采用 YJLV22-8.7/15-3×70；新建杆塔7基，其中钢管杆2基、水泥杆5基；新建630千伏安欧式箱式变压器2台。作为收尾工程，实施工期为1个月。

2. 项目实施流程

项目实施流程

1 项目确定后，和盂县北服务区沟通站内充电桩安装位置以及施工设计，包括外电源的线路设计。

2 按照施工设计要求进行现场施工，确保工程项目按时完工。

3 在所有工作内容均完工后，开展竣工验收及设备调试工作。

四、项目效益分析

1. 经济效益分析

以服务车辆电池容量为 60 安时的小型乘用车为例，以 1 个 120 千瓦充电机同时分别对 2 辆车进行充电、充电时间约为 30 分钟、每天工作 10 小时计算，每个充电桩每天可提供 40 次的充电服务，本期及未来规划中的 8 个充电机全部建成后，每天可提供 320 车次的充电服务。

2. 社会效益分析

低碳、节能是电动汽车最大的优点。电动汽车的大规模推广将逐步替代传统的燃油汽车，可以产生巨大的节能减排效益。以乘用车行驶 100 千米油耗 8 升计算，1 升汽油燃烧后产生 1.5 千克二氧化碳，假设单次充电最大续驶里程 100 千米。每站每天可提供 160 车次的充电服务，每站每天可减少二氧化碳排放约 1.92 吨。因此，高速公路快速充电网络的建设可以大大减少汽车尾气的排放，可以对电动汽车的推广起到较大的推动作用，给社会带来巨大的环境效益。

五、推广建议

1. 经验总结

项目主要亮点

（1）便利性方面。各充电车位区配置一台直流充电终端，与 120 千瓦分体式直流充电桩配套，充电终端全部具备统一支付卡结算功能，操作便利，用户使用体验良好，且可以先竣工先投入使用，使得用户便利性进一步提高。

（2）管理性方面。箱式变压器内设置通信柜，配置数据集中器，充电机的监控信息将通过 CAN 网通信的方式上送到该区域的集中器处，可以极大限度地简化人为操作，实现自动化控制。

（3）安全性方面。充电站内电源采用单回 10 千伏电源供电，10 千伏电源采用电缆敷设，单母线接线方式，高压柜设置进线计量柜 1 面、主变压器出线柜 1 面，可以有效地保障安全可靠的用电。

注意事项

（1）制订社会稳定风险防范措施。项目建设应注意避开饮用水水源保护区等生态敏感区域，架空线路尽量远离城镇规划区及居民集中区。要注重对农民切身利益的保护，尽量减少施工期间的扰民，保障项目全过程治安安全。

（2）制订风险防范和化解措施。一是要加强环保和征地政策的宣传，营造良好的社会舆论氛围，要通过电视、广播、报纸等多种新闻媒体，宣传该项目工频电磁场对公众影响都在可控范围内，符合国家标准。二是要创新思路，以人为本，讲求科学的征地方法，在征地过程中要不断创新工作思路，尤其应用已被实践证明效果显著的征地工作方法，充分尊重被征地人员的相关权益。三是要制订相关应急处置预案，成立应急处置机构，一旦出现公众群体性事件，及时响应，配合政府相关部门进行妥善处理，提出处理意见，防止事件扩大，并对公众做好项目宣传解释工作，消除公众疑虑，及时化解矛盾。

2. 推广策略建议

（1）充换电站的建设，应结合区域道路建设规划以及各地市实际发展状况，以区域内高速公路为重点布局对象，充分考虑省内重点城市、高速公路及休息区分布特点，逐步发展区域内城际互联充电服务网络，采用智能电网先进技术和能源互联网先进发展理念，建立电动汽车互动化服务平台，为客户提供友好开放的全方位、多元化服务。

（2）以"统一原则、统一规范、统一标识、安全可靠、经济适用、按需建设"为原则，全面推广应用国家电网有限公司标准化建设成果，推进充换电设施新技术应用，适应坚强智能电网的建设要求，建设节能环保的电动汽车充电设施。

（3）建设充电站是一项长远的惠民工程，电动汽车的大规模推广，将逐步替代传统的燃油汽车。要根据本区域实际发展状况，积极做好与高速服务区的沟通工作，大力推进充电网络建设，与高速服务区形成长期稳定的合作模式，为社会创造良好环境效益。

案例 13
浙江省宁波市北仑滨江公交充电站项目

一、项目基本情况

北仑滨江公交客运站位于浙江省宁波市北仑区小港街道，根据规划北仑将大力建设滨江新城公共交通，重点打造滨江公交客运站。北仑公交公司在 2019 年投放 30 余辆电动公交车，在滨江公交站建设第一期配套充电设施，为该批车辆提供充电服务。

项目位于小港街道滨江新城，停车场总停车位 50 个，安装 180 千瓦直流快充充电桩 8 个，合计功率 1440 千瓦，项目总投资 598 万元，工程实施时间两个月。

项目规模以 10.5 米电动大巴车辆参数及尺寸为基准，同时兼顾 8.5 米车型的通用性，根据场地条件，设置 32 个充电车位（为方便后期扩建该区域剩余 10 个车位充电桩基础同步施工完成）。

该场站主要以夜间停车为主，对于白天补电的需求不高。

公交充电站如图 1 所示，公交充电实物图如图 2 所示。

图 1　公交充电站　　　　　　　　　　图 2　公交充电实物图

二、技术方案

1. 方案比较

在 32 个车位上设置 8 套 180 千瓦柔性充电岛方案。每套柔性充电岛配备 8 台充电终端，其中 1 台前端机为快充终端，当其余 3 台慢充终端不工作时，该终端能输出最大功率 180 千瓦，当 4 个终端同时工作，每个终端输出功率 45 千瓦。

2. 方案简述

建设规模：最大充电总功率为 720 千瓦。需新建 1 座高压配电柜，2 台 800 千伏安箱式变压器，总容量 1600 千伏安。

为确保充电桩寿命与充电操作安全，项目需配套建设一座防雨棚，共 42 个车位，总面积约 1428 平方米；充电桩与车辆充电口均可有效防雨；监控、照明、挡车条、划线等辅助设施随项目主体同步建设完成。

三、项目实施及运营

1. 投资模式及项目建设

该项目投资自有资金 30%，另外 70% 由投资单位提供。

2. 实施流程

实施流程如下：

（1）现场踏勘，确定建设方案。

（2）业主（公交公司或上级管理部分）向投资单位提供承建指定书或会议纪要等可供立项的有效书面文件，商定充电服务费定价标准。

（3）进场施工前，承建单位与业主签订施工安全协议和运行服务协议。

（4）协议签订起两个月内，完成充电站建设并调试投运。

四、项目效益分析

1. 经济效益分析

（1）建设成本。项目共计建设 180 千瓦柔性充电岛 8 台，高压配电柜 1 座，800 千伏安箱式变压器 2 台，防雨棚 1 座 42 个车位。

建设成本如下：

180 千瓦充电岛（包含 1 快 3 慢充电终端）8 台和高压配电柜 1 座，共计 160 万元；

箱式变压器：800 千伏安箱式变压器 2 台计 56 万元；

防雨棚（含监控照明）107 万元；

土建与电气工程建设费用（含电缆等材料）为 200 万元；

设计费用为 25 万元（含场站与外电源）；

外电源土建费用（含政策处理）为 50 万元，外电源电缆与环网站由业扩配套。

项目总建设成本合计为 598 万元。

（2）运行成本。

1）值班人工成本。兼顾白天充电，需要 3 班制，每班 1 人。年度人工成本为 30 万元。

2）设备运维成本。180 千瓦充电桩柔性充电岛运维费 1.5 万元/年，箱式变压器运维费 1 万元/年，高压配电柜运维费 1 万元/年，主设备年度运维费为 15 万元。

3）电能损耗成本。按 32 台车年度运行 274 万千米测算，总充电量为 274 万千瓦时，考虑车辆通勤率（按 0.9 计算），实际年度总充电量约为 247 万千瓦时。交直流转换损耗、变压器空载损耗、照明、监控等总计约占 10%，即 24.7 万千瓦时。按峰谷电均价 0.67 元/千瓦时计算，年度电能损耗为 16.5 万元。

（3）服务费定价与投资回报。

项目投资收益情况见表 1（投资与收入均含税）。

表1　　　　　　　　　　项 目 投 资 收 益 情 况

服务费 （元/千瓦时）	年充电量 （万千瓦时）	年度收入 （万元）	财务成本 （万元）	运行成本 （万元）	电耗成本 （万元）	净利润 （万元）	回收期 （年）
0.65	247	160.6	20.5	45	16.5	78.6	7.6

注　采用单桩计量时（电能损耗由投资方承担）。

公交场站充电站的收入是公交电动汽车交来的使用费，支出的是电费和运维成本及固定资产折旧。随着充电设施的大量建设，其建设成本会显著下降。同时如果国家出台对电动车节省燃油、改善环境的扶植政策或提高燃油车的合理支出，例如对燃油车的排放提高要求，征收燃油税，追加燃油车"使用环境"的成本等，鼓励人们使用电动汽车，则充电站有很大的利润空间。

2. 社会效益分析

电动汽车可降低噪声污染和空气污染，可有效改善环境，有利于国家构建循环经济、节约环保型社会，保证国家的可持续发展。更重要的是节约了战略物资石油，有利于维护国家能源安全。

"零排放"电动汽车的推广应用产生显著的节能减排效益，将会带来更显著的环境效益。电动汽车项目的建设推广更有利于推动社会公众对电动汽车及其能源供给方式的理解和认识，体现电网公司的社会担当。

五、推广建议

1. 经验总结

项目主要亮点

确保夜间常规充电和白天应急补电，确保公交车辆正常行驶运行：

（1）夜间常规充电。

32 个充电终端能满足 32 辆电动公交同时充电。

（2）白天应急补电。

8 个快充终端能满足 4 辆车同时快速补电，1 小时最多能充电 180 千瓦时。

注意事项及完善建议

（1）充电桩、箱式变压器、高压配电柜等设备需要进行日常性巡视维修，充电桩易损元器件更换和每日巡查投入较大。

（2）充电服务模式：为确保设备稳定运行，由投资方派驻专人充电，常驻值班人员 3 名，3 班制值班。

（3）为确保充电设施供电可靠性，项目宜采用双回路供电；在充电过程中，充电连接异常时，交流充电桩应立即自动切断电源；电源进线宜采用阻燃电缆及电缆护管，并应安装具有漏电保护功能的空气开关。

2. 推广策略建议

发展电动汽车是贯彻国家能源战略、落实节能减排政策、参与建设资源节约型和环境友好型社会、履行社会责任的重大战略举措；电动汽车能源供给系统是电动汽车的重要支撑，建设电动汽车充电站，是推动电动汽车产业发展的基础。

建议政府统筹协调，建立充电服务合作权制，在规划政策、财政、技术、商业、模式等方面进行沟通和协调，保障服务供应链完整，避免能源企业、充电服务商各自为战和供电增容问题的产生。

案例 14
浙江省台州市电动公交汽车项目

一、项目基本情况

浙江省台州市玉环境内客运中心对总站燃油公交车进行更换，现有 75 辆燃油公交车换成纯电动公交车。

该客运中心属于交通运输行业，管理玉环境内所有公交车的运营，使用燃油公交车为主，拥有近 130 辆燃油汽车，燃油汽车以汽油为动力燃料，平均每辆车每天行驶 100 千米，油耗 20 升，以此计算，每辆车年平均消耗汽油约 7200 升，年燃油费用约 5 万元。

二、技术方案

1. 方案比较

各项方案费用对比如图 1 所示。

（1）8.5 米纯电动公交车价格 60 万元，8.0 米燃油公交车 25 万元，但电动车有政府购车补贴 30 万元，实际买车费用差距不大。

（2）8.0 米以上纯电动公交车每年运营补贴 6.0 万元，燃油公交车运营补贴每年 3.6 万元，且燃油公交车运营补贴在逐年下降，纯电动公交车占优势。

（3）纯电动公交车每行驶 100 千米的运行成本约 60 元，燃油公交车则达到了 130 元左右，且还需维护费用 20～30 元，此项为关键指标，纯电动公交车优势明显。

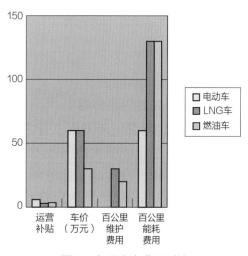

图 1　各项方案费用对比

（4）纯电动公交车由于使用电能，安全性能较高，且无废气排放等问题。

2. 方案简述

（1）技术方案。该项目中使用的纯电动汽车性能参数见表1。

表1 纯电动汽车性能参数

项　　目			数值
动力性能	最高车速（千米/小时）	持续	75
	0~50千米/小时加速时间（秒）		≤10
	爬坡度（%）	最大爬坡度（%）	28
经济性能	续航里程（千米）	等速（60千米/小时）	210
	每行驶100千米耗电量（千瓦时）: 按60千米/小时速度计算		17

纯电动汽车采用电动机中央驱动形式，直接借用了燃油汽车的驱动方案，由发动机前置前驱发展而来，用电力驱动装置替代了发动机（内燃机），通过调速控制器将电动机动力与驱动轮进行连接。第一批将 8 辆燃油汽车换成纯电动汽车，计划一年内完成全部20辆纯电动汽车替换。后续持续更换其他公交停车站的车辆。

（2）技术原理。纯电动汽车的原理是，利用电能驱动电动机，再由电动机来驱动汽车。电动汽车与燃油汽车的结构及原理极为相似，主要的区别在于动力和驱动系统（见表2）。电动汽车不再使用传统的发动机（内燃机），所以它的电动机就相当于燃油汽车上的发动机，蓄电池代替了燃油汽车上的油箱。

表2 电动汽车和汽油车的主要区别

项目	电动汽车	燃油汽车
能源系	蓄电池	汽油（柴油）
动力系	电动机	发动机（内燃机）
速度控制	调速控制器	变速器、离合器
传动系	传动轴、驱动桥（固定减速器）	变速器、离合器、传动轴、驱动桥

目前常用的纯电动汽车驱动方式主要有直流电机驱动、交流电机驱动。驱动系统主要由能源管理、电子驱动、辅助控制三大子系统组成（见图2）。蓄电池是电动汽车的动力源，能量管理子系统用于将电池直流电源转换成驱动电机需要的直流电或交流电，由电子驱动子系统控制电机需要的电流或电压以改变车辆行驶速度，辅助控制子系统实现车辆转向、温度控制等功能。

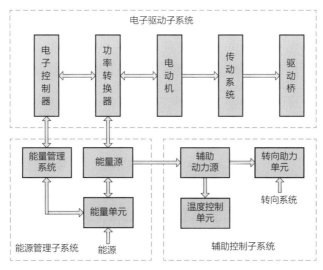

图 2　纯电动汽车驱动系统

三、项目实施及运营

1. 投资模式及项目建设

（1）该项目车辆更换由客运中心自主全资投资，一期项目投资金额约 480 万元，电动车购置补贴约 240 万元。

配套快充电站由浙江华云公司建设，总投资 383.35 万元。其中：安装工程费为 56.38 万元，设备购置费为 195.14 万元，建筑工程费为 106.25 万元，其他费用为 25.58 万元。

一、二期配套快充电站建设已完工投入使用，如图 3 所示。

图 3　一、二期配套快充电站使用实物图

（2）由于纯电动公交车不断增加，充电桩满足不了充电需求，三期充电桩由浙江台州宏能电动汽车服务有限公司建设，增设变压器容量 1600 千伏安、投入设备 180 千瓦一电两充 8 台，目前设备在采购中。

2. 项目实施流程

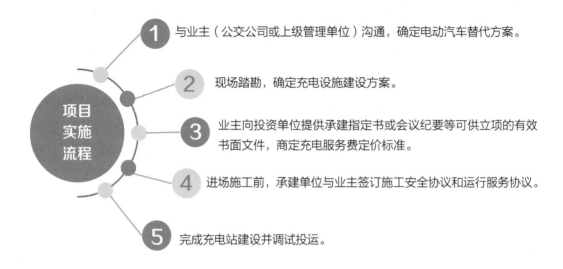

项目实施流程

1 与业主（公交公司或上级管理单位）沟通，确定电动汽车替代方案。

2 现场踏勘，确定充电设施建设方案。

3 业主向投资单位提供承建指定书或会议纪要等可供立项的有效书面文件，商定充电服务费定价标准。

4 进场施工前，承建单位与业主签订施工安全协议和运行服务协议。

5 完成充电站建设并调试投运。

四、项目效益分析

1. 经济效益分析

　　该项目第一批购置 8 辆公交车，除去政府补贴，实际花费约 240 万元，纯电动公交车每行驶 100 千米电费约 60 元，维护费用 0 元，以每辆车每天只跑 100 千米计算，相比燃油公交车，每天节省 100 元，一年节省费用 3.6 万元，国家运营补贴根据车长每年补贴 4 万～8 万元，一辆 8.5 米纯电动公交车大约 3 年就能收回成本。

　　一、二期配套快充电站由浙江华云公司投资，运营与维护由浙江华云公司出资委托给第三方运行机构，减少了项目主体客运中心的资金压力、运维人员的费用。而浙江华云公司通过收取充电服务费用，大概在 5 年内收回快充电站建设费用，以一座电站 20 年寿命计，还有 15 年的利润期。

2. 社会效益分析

　　纯电动公交车使用电能，能源转换率高，节省耗能，为企业节约成本；无污染、无噪声、无尾气排放，乘车旅客体验好、下车路人评价高；相比较燃油、天然气车辆，不会出现爆炸等危险状况，安全性能大大提升。

五、推广建议

1. 经验总结

项目主要亮点

（1）为贯彻落实国家加快新能源汽车发展的部署和节能减排工作要求，积极参与浙江省"清洁能源示范省"创建。促进玉环市公交新能源汽车推广应用，建设绿色能源消费体系，推动生态环境保护，更好服务人民美好生活需要。玉环市交通运输局、浙江华云清洁能源有限公司、国网浙江玉环市供电有限公司联合践行《关于共同建设新能源公交车充电服务网络设施的战略合作协议》。

（2）国网玉环供电公司客服中心积极宣传"以电代油"项目的优势，全程跟踪实施进程，提供优化用电建议与贴心服务。同时促成企业主动与发改、建设规划等部门联系沟通，争取就地规划电动汽车充电设施用地。

（3）该项目由浙江华云公司、浙江台州宏能电动汽车服务有限公司出资建设配套快充电站，因为降低了项目主体的需求资金，缓解了资金链的压力，大大加快了项目推进速度。项目实施后，国网玉环供电公司客服中心建立专人对接联系机制，为企业提供个性化服务，为企业建立优化用电方案，建议企业建立纯电动车充电计划安排表，尽量使用夜间的低谷电充电，不仅降低成本，同时起到平抑电网峰谷差的作用。

（4）该项目适用于所有国营、私营公交运营商及其他可以更换电动车的行业，由第三方出资建设快充站，以电费收回投资，减轻公交运营方更换电动车的资金压力，大大加快电动车的替换速度、壮大替换规模，持续增长售电量。

注意事项及完善建议

该项目引入第三方参与配套快充站的投资建设，实施前务必做好项目主体充电需求预测分析，编制合理的成本回收方案，充电电价制订要符合项目主体的心理预期。同时，做好电站维护和充电服务工作，这是后期项目规模扩大的重要保障。

2. 推广策略建议

该项目适用于所有国营、私营公交运营商、物流园区等纯电动车辆需求增长迅速的企业，由第三方出资建设配套快充站，以充电服务费收回投资，减轻项目主体的资金压力，加快电动车的替换速度、壮大替换规模，持续增长售电量。

短期内纯电动汽车更适合城市短途物流行业、公交系统和个人用户日常工作需求。供电公司要重点关注当地公共交通管理单位新能源公交车的更新进度，以第三方投资建设配套快充电站为条件促使其选用纯电动公交车，必要时可适当降低充电服务费；同时，重点关注当地物流园区企业运输车辆电气化进度，一般情况下物流企业相对集中，是建设集中充电站的优质区域，主动对接物流园区管理单位，投资建设快慢结合园区专用充电站。

案例 15
河北省武安市纯电重卡 + 皮带走廊
厂区运输项目

一、项目基本情况

　　武安市新金钢铁有限公司（简称新金钢铁）是一家集钢铁冶炼及轧制、电力能源于一体的大型民营钢铁企业，占地面积 10 平方千米，在 30 千米外磁山镇设有分厂。改造前，厂区内、分厂间运输以大型燃油货车为主，尾气、粉尘污染严重。"纯电重卡+皮带走廊"清洁运输方案可有效缩短运输距离，减少运输成本。对零散运输及与分厂间运输引入纯电重卡，可提高效率，节省运营成本和保养费用，有利于节能减排。纯电重卡、皮带走廊分别如图 1、图 2 所示。

图 1　纯电重卡

图 2　皮带走廊

二、技术方案

1. 方案比较

方案一：燃油车运输。优点：续航里程不受限制，不受充电时间影响。缺点：尾气、粉尘污染严重。

方案二：纯电重卡。优点：有利于节能减排，节省运营成本和保养费用。缺点：厂区内固定的点对点重复运输的问题仍需改进。

方案三：纯电重卡+皮带走廊。优点：① 运输效率更高，有利于节能减排。② 将传统燃油卡车替换成纯电重卡+皮带走廊后，一方面极大减少了对化石燃料的依赖、大幅度降低汽车尾气排放和粉尘污染；另一方面可节省运营成本和保养费用。③ 厂区运输主要是低速运行，极为耗油，而纯电重卡+皮带走廊的运输方案可大幅度降低运营成本，同时车辆维修费用也将大幅降低，减少固定的点对点重复运输的距离和成本。缺点：续航里程受到局限，前期一次性投资较大。

2. 方案简述

针对厂区内球团—高炉、烧结—高炉的点对点运输建设皮带走廊，缩短运输距离，减少运输成本，同时对零散运输引入纯电重卡，实现厂区内、分厂间的货物运输对燃油车辆的整体替代。目前厂区内已投运充电桩 21 座，纯电重卡 140 辆，皮带走廊 1.5 千米。充电桩如图 3 所示。

图 3　充电桩

三、项目实施及运营

1. 投资模式及项目建设

该项目属于厂区内部运输方案优化，全部由企业投资。

2. 实施流程

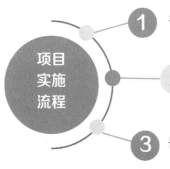

项目
实施
流程

1 根据厂区内部的短途运输路线，确定皮带走廊的安装位置。

2 根据厂区内、与分厂及分厂间的行驶距离，确定纯电重卡充电时间与次数，并确定充电桩的安装位置。

3 设备安装完毕后，开展竣工验收与设备调试、项目试运行工作。

四、项目效益分析

1. 经济效益分析

该钢铁公司共计投运纯电重卡 140 辆、皮带走廊 1.5 千米，纯电重卡每辆 80 万元，皮带走廊约 1 万元/米，总投资约为 1.27 亿元。

替代前厂区有燃油卡车 160 辆，使用燃油车每行驶 100 千米大概需要燃油 45 升。年耗油大约 259.2 万升，加上每年车辆维修成本，年成本合计约 1500 万元。

纯电重卡每 100 千米耗电量为 200 千瓦时，约合 120 元。皮带走廊运输成本为 1.9 元/吨，年成本合计约 750 余万元。

项目年节约成本约 750 万元，预计投资回收期 17 年。

2. 社会效益分析

该钢铁公司一年电能替代电量约为 1500 万千瓦时，折合约 6000 吨标准煤，相当于企业在厂区运输环节每年就减少排放 326.4 吨碳粉尘、15 583 吨二氧化碳，为电能替代推广以及城市环保起到了积极推动作用，增强了用能企业对电能替代的认同感。

五、推广建议

1. 经验总结

项目主要亮点

纯电重卡+皮带走廊有效解决了企业内部运输环节造成的尾气排放、粉尘污染等问题。通过引进替代技术改进工艺流程，优化能源配置，打造精品示范项目，并在同行业中进行宣传推介，引导客户主动改造，大力营造替代氛围，形成规模效应，可达到"突破一点，带动一面"的工作成效。

注意事项及完善建议

（1）可通过合理利用峰谷电价，优化纯电重卡充电时间，有效降低充电成本。

（2）优化充电桩安装位置。

（3）针对厂区内固定的点对点运输皮带走廊优化纯电重卡行驶路线。

2. 推广策略建议

纯电重卡适合在特定场景和限制区域内使用，既可以发挥纯电动汽车的优势，又可规避续航里程不足的劣势，可以真正实现车辆运行过程中的零排放。建议政府协调推动港口、钢厂、矿山、城市渣土运输、城市环卫等企业在淘汰更新时优先使用电动重卡。

案例 16
宁夏石嘴山固废厂电动工程车辆租赁项目

一、项目基本情况

为积极推广清洁能源应用，打造"绿色石嘴山"，响应国家和自治区打赢"蓝天保卫战"的号召，将习近平总书记"绿水青山就是金山银山"的重要指示落到实处，当地供电公司充分发挥电网企业资源优势及平台优势，积极推动传统燃油工程车辆逐步替代为电动工程车辆，打造石嘴山企业新亮点。电动装载机现场作业如图1所示。

图 1　电动装载机现场作业

二、技术方案

1. 方案比较

方案一：由有需求的企业直接通过国网电动汽车公司购买电动叉车、电动装载机等工程车辆。优点：车辆直接归相关企业所有，不受外部因素影响。缺点：前期一次性投资巨大，且后期维修保养没有渠道。

方案二：通过国网电动汽车公司进行工程车辆租赁，采用合同能源管理方式，合同期满后，该车辆资产归使用方拥有。优点：该企业前期投资低，且所有维修保养均由电动汽车公司负责，合同期满后车辆可归用车企业所有或是折旧卖给电动汽车公司。缺点：合同期为 5~7 年不等，时间较长，不确定因素较多。

该项目所选企业均经过多次走访，企业社会信用良好，故选择方案二。

2. 方案简述

（1）客户用车现状：石嘴山固废厂承接政府运输单子，运输货物主要有废渣土石料，还有部分散煤。

经多次现场考察，客户车辆用车场景见表1。

表1 客 户 车 辆 用 车 场 景

类型	在用车辆	装载货物	工作场景	工作时间	油费	维修成本
装载机	5 吨，斗 3.2 立方米左右	废渣土、石料、散土	将废渣土石料装载到渣土车里，车辆围着废渣土转	每天 10~12 小时，中间休息 2 小时，实际工作 9 小时	每天 200 升，每升 4.5 元（大客户团购价）	平均每车每月 5000 元
渣土车	货箱长度 5.6 米，载重 30~50 吨	废渣土、石料、散土	重载，来回 2~3 千米，一天来回 50~70 趟，日均行驶里程在 150 千米左右	每天 10 小时，中间休息 2 小时	每天 150 升，每升 4.5 元（大客户团购价）	平均每车每月 5000 元

（2）客户需求。2 台纯电装载机，4 台纯电渣土车。装载机一台斗 4.7 升，一台斗 3.2升。其他配置与油车标配相似。合作方式为 10 年以上长租，期间根据实际费用进行修正。

（3）纯电动装载机整机租赁方案。5 年起租，租赁保证金为 19.8 万元。月度租金为2.3 万元。租金支付方式为月度预付，租赁保证金冲抵最后几个月租金。公共充电桩电价0.891 元/千瓦时。

（4）纯电动渣土车整机租赁方案。5 年起租，租赁保证金为 19.8 万元。月度租金为2.15 万元。月度预付，租赁保证金冲抵最后几个月租金。公共充电桩电价 0.891 元/千瓦时。

三、项目实施及运营

该项目由所在地供电公司配合，项目本体的投资建设由国网（宁夏）电动汽车公司服务有限公司进行投资运营。

四、项目效益分析

1. 经济效益分析

电动自卸车辆与燃油车辆运行成本对比见表 2。

表 2　　　　　　　　　　　电动自卸车与燃油车运行成本对比

自卸类别		纯电动自卸	燃油自卸
车辆核心参数	核心配置	货箱厂 5.6 米。 充满电额定载重续航 250 千米	货箱厂 5.6 米。 加满油额定载重续航 400 千米
	核心零部件质保	电池、电机及电控核心三电 8 年 50 万千米	发动机、变声器等核心零部件 3 年 6 万千米
购置成本		112 万元	38 万元
上牌购置税		0	3.36 万元
8 年期计算使用成本		每天 120 千米，一年 365 天，8 年 35 万千米	—
8 年电耗/油耗成本	燃油或充电成本	0.732 元/千瓦时，含 0.45 元/千瓦时服务费（凌晨峰谷充电，0.282 元/千瓦时）	4.5 元/升（大客户折扣价，平均冬季负号柴油价格）
	载重每千米油耗或电耗	平均载重每千米 1.24 元	平均载重每千米 2.8 元
	总电耗/油耗成本	43.4 万元（1.24×35 万元）	98 万元（2.8×35 万元）
8 年维修成本	平均每月维修成本	平均每月 1200 元	平均每月 3800 元
	维修内容	三电部分都在质保期，无需承担维修成本，常规部件维修成本与油车一致	除常规部件维修成本支出外，还需承担维修成本较高的三大件维修保养成本
	总成本	11.52 万元（0.12×96 万元）	36.48 万元（0.38×96 万元）
8 年生命周期总成本		166.92 万元	175.84 万元

根据表 2 可知，8 年生命周期中，用电比拥有节省 175.84-166.92=8.92（万元）。

2. 社会效益分析

使用电动工程车辆既做到了节能环保，又极大地减少了噪声，现场工作环境质量明显上升，并且在全宁夏起到了示范作用，对后续的推广应用起到了关键作用和前期经验。

五、推广建议

1. 经验总结

项目主要亮点

一是电动工程车辆的使用，为未来工程建设等多行业提供了新的运输选择。

二是降低化石能源消费比重，既能推动社会节能减排，又能助力企业提质增效。

三是电动工程车辆系统反应更迅速，电动机扭矩更大，保养简单，可以满足各类使用场景需求。

2. 推广策略建议

积极推广清洁能源应用，推动电动工程车替代传统燃油工程车，响应国家和自治区打赢"蓝天保卫战"的号召。

注意事项及完善建议

（1）选取优质企业，且该企业对运输或装载车辆使用度高，且使用环境较为稳定。

（2）通过传统车辆的运营成本与电动车辆运营成本对比，重点突出电动车辆的优势，以及传统车辆所不具备的功能。

（3）联合当地政府共同推介，多进行新闻宣传报道，及时将实用车辆无偿借给有需求的潜在客户试用，让客户实际感受到该车辆的真实性能。

案例 17
福建省厦门市绿色空港 APU 电能替代项目

一、项目基本情况

APU 是飞机辅助动力装置（Auxiliary Power Unit）的简称，减少飞机 APU 的使用是一项切实可行的有利于减少航油消耗、减少二氧化碳排放、减少噪声污染的工作。在航班的航前、过站、航后等地面等待时间使用地面电力供应装置代替飞机 APU 的方式，其降耗减排的效果是十分显著的。随着国内机场业务服务水平的快速提升，无论从对乘机旅客的服务质量角度，还是从降低机场的噪声危害、减少污染排放的角度看，采用桥载设备替代飞机 APU 的工作是刻不容缓。桥载设备运行如图 1 所示。

图 1　桥载设备运行

二、技术方案

1. 方案比较

机场廊桥陆电接口标准统一，飞机不需要任何改造。机场廊桥电能替代包括静变电源部分和空调两部分。静变电源对接飞机电源接口，空调出风管对接飞机空调外部接口。

方案一：在厦门机场 T3 航站楼设置功率 90 千伏安的 400 赫兹静变电源 19 台；设置飞机地面空调机组 16 台，其中制冷量 60 冷吨的 5 台，制冷量 90 冷吨的 8 台，制冷量 110 冷吨的 3 台；并相应加装计量监控系统，改造后航站楼供配电设施等。

方案二：在厦门机场 T3 航站楼设置功率 90 千伏安的 400 赫兹静变电源 14 台；设置飞机地面空调机组 19 台，其中制冷量 60 冷吨的 11 台，制冷量 90 冷吨的 8 台；

并相应加装计量监控系统，改造后航站楼供配电设施等。

从社会效益和经济效益方面综合考虑，结合 T3 航站楼的功能定位，考虑飞机中远期发展情况，确保舱内舒适的环境温度，采用方案一更为适宜。飞机停靠廊桥后，关闭辅助动力装置（APU），冷气源、电源全部实行廊桥供给，最大限度地达到民航总局减少地面燃油消耗和污染物排放（包括噪声）的要求，实现绿色机场运行管理目标。

图 2　充电进行时

2. 方案简述

绿色空港电能替代示范项目拟在厦门机场航站楼的 2 个廊桥配置 90 千伏安的 400 赫兹静变电源，设置飞机地面空调机组 2 台，制冷量为 90 冷吨的空调机组两台，并相应加装计量监控系统，改造航站楼供配电设施。在飞机停靠时关闭 APU，采用桥载设备替代 APU，即采用静变电源供电，同时开启廊桥活动端下的飞机地面空调，为机舱内提供舒适的环境。充电过程如图 2 所示。

三、项目实施及运营

1. 投资模式及项目建设

该项目由机场出资建设空港陆电设备，并拥有设备的所有权，拥有该项目竣工形成的资产产权，负责机场廊桥设备的日常使用、维护，并享有相关收益。

2. 实施流程

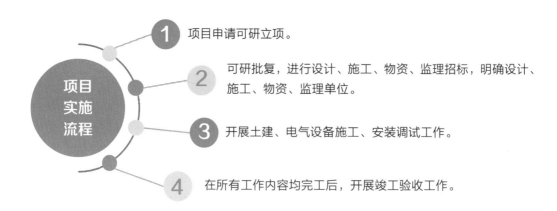

项目实施流程

1　项目申请可研立项。

2　可研批复，进行设计、施工、物资、监理招标，明确设计、施工、物资、监理单位。

3　开展土建、电气设备施工、安装调试工作。

4　在所有工作内容均完工后，开展竣工验收工作。

四、项目效益分析

1. 经济效益分析

机场（投资方）收益分析：国家民航局在 2013 年出台了《民用机场桥载设备替代航空器辅助动力装置运行暂行管理办法》（简称《办法》），《办法》对 APU 和桥载设备（GPU）的使用管理、操作规范提出了要求，同时统一了桥载设备的建议收费标准。对于机场（或桥载设备投资方）而言，提供 GPU 具有较大的利润空间，在 GPU 收费标准统一的情况下，停靠机型越小，利润越大。GPU 成本估算 155.77 元/小时，收费标准 440 元/小时。按每一个廊桥停靠 5 小时/日计算，则一年收益为 284.23×5×365=51.87（万元）。

航空公司收益：飞机在开启 APU 时消耗航油为 155 千克/小时，对于航空公司而言，APU 成本估算 742.56 元/小时，GPU 收费标准 440 元/小时，每小时节省 302.56 元。按每一个廊桥停靠 5 小时/日计算，则一年节省费用 302.56×5×365=55.217（万元），使用 GPU 具有明显的经济效益。

2. 社会效益分析

节能减排方面，以停靠空客 A320 为例，每年减少的能耗折算标准煤 305.1 吨，折合减少排放二氧化碳 793.26 吨，二氧化硫 2.59 吨，氮氧化物 2.26 吨，年可实现替代电量 92.45 万千瓦时以上。

五、推广建议

1. 经验总结

厦门绿色空港 APU 电能替代项目的建设将产生良好的社会效益，改善飞机停靠时产生的噪声对机场周围的环境影响。同时还能节省飞机的航空燃油，节能减排的同时提升了厦门绿色机场的整体形象。

2. 推广策略建议

（1）可在全国存量机场进行推广改造。

（2）对新建机场在设计、可行性研究阶段将空港 APU 电能替代纳入设计范围，结合机场充电站建设进行推广。

案例 18
浙江省义乌市机场 APU 电能替代项目

一、项目基本情况

义乌机场 1970 年建立，是一座军民合用机场，作为浙江中西部机场，为整个浙江对外开放和发展提供了基础。飞机在停靠期间需要使用飞机辅助动力装置（APU）提供飞机所需的电源和气源，会产生较大的噪声污染和空气污染，且历史上发生过多起 APU 引起飞机爆炸或燃烧事件。在欧美及发达国家，地面桥载设备替代 APU 已经得到较为普遍的应用。针对义乌机场存在的空气污染、噪声污染等问题，国网义乌供电公司提出为机场廊桥安装静变电源和地面空调，为飞机停靠期间提供清洁的电力，从而达到节能减排的目的。

二、技术方案

1. 方案比较

方案一：APU 方案。使用 APU 虽然比主发动机节能，但在使用中仍存在不少问题：噪声大，其噪声通常在 100～120 分贝，对机坪运行环境和工作人员健康造成一定的危害；运营成本相对较高，APU 的运行成本包含了燃油消耗（按照机型不同将会每小时消耗 100～400 千克的航油）、航材储备、人工维护等多项费用；排放物多，APU 是以航空燃油为能源，排放物与大型航空发动机相同，其中包括二氧化碳和氮氧化物等气体，对机场周边环境造成较大影响。

方案二：GPU 方案。地面桥载设备（GPU）包括桥载空调和地面电源两部分，桥载空调是为飞机客舱提供冷（热）空气的专用空调机组，而地面电源是利用逆变技术将 50 赫兹工频电源变换为 400 赫兹电源，为飞机在地面停留期间提供启动、检查或维修电能的地面设备。从功能上来说，当机场配备有桥载空调和地面电源两种设备的时候，完全可以替代飞机 APU 的功能，实现利用电能向飞机提供各类服务的要求，避免发动机消耗燃料带来的污染。航空公司采用协议方式，租用相应桥载设备而停止机载 APU 的使用，租用设备的费用将远远小于机载 APU 使用的费用，并且延长了机载 APU 的使用时间，降低了 APU 的故障率；而机场除了能够获得设备租赁的收益之外，还可以获得良好的空气质量和噪声环境以及优秀的机场品牌。

2. 方案简述

从目前的义乌机场来看，具有 6 个可供飞机停靠的廊桥。根据国际民航组织相关的飞机配置空调类型来看：C、D 类飞机配置 45～60 冷吨的飞机地面空调机组。结合义乌地区气候条件及通过飞机冷热负荷计算得出义乌机场机位采用 90 冷吨的飞机地面空调机组。同时在每个廊桥配置静变电源装置，通过飞机外部电源接口为机载电源系统提供 115 伏/200 伏、400 赫兹交流静变电源。并相应加装计量监控系统，改造航站楼供配电设施。在飞机停靠时关闭 APU，采用桥载设备替代 APU，同时开启廊桥活动端下的地面空调，为飞机机舱内提供舒适的环境。机场桥载电源空调项目试运行如图 1～图 3 所示。

图 1　机场桥载电源空调项目试运行一

图 2　机场桥载电源空调项目试运行二

图 3　机场桥载电源空调项目试运行三

三、项目实施及运营

1. 投资模式及项目建设

该项目由国网浙江综合能源服务公司进行前期投资，待项目建设运行后以租赁的形式出租给机场进行运营，机场支付租金给国网浙江综合能源服务公司。

项目总体投资金额为 1153.458 万元。其中设备费用 882.5 万元、工程安装 135 万元、预备费 30.858 万元以及其他费用 105.1 万元。

2. 实施流程

施工点位于飞行区的航站楼廊桥下，在场内地面交通的主干道边，交通便利，利用停航时间段进行施工。在所有工作内容均完工后，开展竣工验收及设备调试工作。项目于 2019 年 12 月完成施工，验收合格，现已投入使用。

四、项目效益分析

1. 经济效益分析

义乌机场目前使用的是 C 类飞机，对飞机停靠位时开启 APU 和使用桥载设备时成本分析分别见表 1 和表 2。

表1   C 类飞机停靠廊桥开启 APU 成本分析

开启 APU 时平均油耗（千克/小时）	150
停靠廊桥时间（小时）	1
消耗航油量（千克）	150
航油费用（元/千克）	4
APU 平均维护费用（元/小时）	300
合计成本（元）	900

注 航空煤油按目前市场价 3800 元/吨。各类机型 APU 平均使用 3000 小时需维护。

表2   C 类飞机使用桥载设备成本分析

使用静变电源（元/小时）	170
使用地面空调（元/小时）	270
合计费用（元）	440

从表 1、表 2 分析可得出，航空公司在使用桥载设备时的总成本为 440 元/小时，而航空公司使用 APU 的成本为 900 元/小时，由此可见，对于航空公司来说使用桥载设备可节省一半成本。

2. 社会效益分析

对飞机停靠期间使用 APU 和桥载设备的二氧化碳排放及噪声进行对比，见表 3。

表3   飞机停靠期间使用 APU 和桥载设备的二氧化碳排放及噪声对比

参数	使用 APU	使用桥载设备
消耗航油量（千克/小时）	150	—
桥载设备用电量（千瓦）	—	133
噪声（分贝）	95	80
二氧化碳排放量（千克/小时）	477	—
折算成标准煤（千克）	220.5	332

飞机停靠期间若使用 APU 时会产生 95 分贝以上的噪声污染，而且有可能多架飞机同时产生，会造成更大的噪声污染。使用桥载设备时噪声在 80 分贝以下，可以大幅度减少机场周围的噪声，对旅客和机场工作人员提供更安静的环境。同时可从表 3 中看出使用桥载设备每小时可减少当地二氧化碳排放 477 千克，减少了机场周围的二氧化碳排放量，减低对周边环境的污染。

五、推广建议

1. 经验总结

本项目投资估算合理，效益显著，整体布局规范、科学，实施过程顺利。近年来，义乌民航保持快速发展的态势，航空业务量进入了较快的增长期，机场廊桥新增桥载设备改造可以最大限度地达到国家民航总局减少地面燃油消耗和污染物排放的要求，实现义乌绿色机场的运行管理目标和义乌低碳城市建设规划。

2. 推广策略建议

机场岸电工程的经济效益和社会效益显著，无论从提高乘机旅客的服务质量角度，还是从降低机场的噪声危害的角度来看，采用桥载设备替代飞机 APU 的工作都是刻不容缓的，同时可实现节能减排的目标，强化燃油节约和高效利用的政策导向，促进行业持续、健康发展。

在推进电能替代工作中，可向企业开展电能替代能源消费理念宣传，通过技术经济比较分析，使企业客户明白电能清洁、环保的优点。根据企业设备条件和生产需求为客户推荐电能替代方案，最大程度优化资源配置、降低投资金额和生产成本，让客户感受电能替代带来的经济效益。